教育部高等学校电子信息类专业教学指导委员会规划教材

高等学校电子信息类专业系列教材·新形态教材

Verilog HDL教程

设计与验证方法、思维拓展与综合案例

胡正伟 王健健 王岩 陈智雄 编著

清华大学出版社

北京

内 容 简 介

本书的主要目的是为 Verilog HDL 学习者提供一本不仅可以轻松入门,还可以迅速掌握设计方法,并能锻炼善于思考、多角度解决设计问题能力的教材。

本书主要内容包括 Verilog HDL 基础知识、Verilog HDL 逻辑设计知识要点、思维拓展案例、仿真与静态时序分析基础、综合案例 5 章。在介绍常用的 Verilog HDL 语法的基础上,重点介绍基于 Verilog HDL 的数字系统设计方法,包括组合逻辑电路和时序逻辑电路的设计要点、一题多解设计案例、仿真验证方法以及面向实际工程应用领域的综合案例。

本书可以作为高等学校电子信息、集成电路、通信工程等相关专业本科生和研究生的教材,也可以作为 FPGA 或数字集成电路设计工程师的参考书。

图书在版编目(CIP)数据

Verilog HDL 教程:设计与验证方法、思维拓展与综合案例/胡正伟等编著. -- 北京:清华大学出版社,2025.7. --(高等学校电子信息类专业系列教材). -- ISBN 978-7-302-69717-6

Ⅰ. TP312.8

中国国家版本馆 CIP 数据核字第 2025JB4456 号

责任编辑:郭　赛
封面设计:刘　键
责任校对:李建庄
责任印制:曹婉颖

出版发行:清华大学出版社
　　　　网　　　址:https://www.tup.com.cn,https://www.wqxuetang.com
　　　　地　　　址:北京清华大学学研大厦 A 座　　　　邮　　编:100084
　　　　社 总 机:010-83470000　　　　邮　　购:010-62786544
　　　　投稿与读者服务:010-62776969,c-service@tup.tsinghua.edu.cn
　　　　质量反馈:010-62772015,zhiliang@tup.tsinghua.edu.cn
　　　　课件下载:https://www.tup.com.cn,010-83470236
印 装 者:三河市铭诚印务有限公司
经　　销:全国新华书店
开　　本:185mm×260mm　　　　印　张:13　　　　字　数:315 千字
版　　次:2025 年 8 月第 1 版　　　　印　次:2025 年 8 月第 1 次印刷
定　　价:44.50 元

产品编号:108614-01

前 言
PREFACE

当前，Verilog HDL 相关的教材已经很多，其中不乏很多经典教材。作者之所以仍要编写这本 Verilog HDL 教材，主要原因是这本教材的体系架构、设计案例的选择、设计方法学的凝练都具有鲜明的特色。

本书不是单纯地介绍语法，而是重点介绍灵活运用语法实现数字系统设计与优化的方法。本书共 5 章，分别介绍 Verilog HDL 基础知识、Verilog HDL 逻辑设计知识要点、思维拓展案例、仿真与静态时序分析基础、综合案例。

第 1 章介绍 Verilog HDL 基础语法知识，通过本章内容的学习，读者可以形成对 HDL 语法及基本功能单元的 HDL 描述的初步认知，为后续知识点的学习奠定基础。

第 2 章介绍 Verilog HDL 逻辑设计知识要点，是对第 1 章内容的补充和总结，内容包括二进制数据问题、并发赋值语句的多驱动问题、逻辑综合、generate 结构、组合逻辑设计要点和时序逻辑设计要点。组合逻辑电路设计给出三角度组合逻辑设计方法，时序逻辑给出时钟描述、复位方式、D 触发器变形、D 触发器扩展 4 个设计要点。

第 3 章给出 6 个一题多解案例，详细分析每种实现方案的原理和功能，培养读者正向设计代码的能力。此外，还可以引导读者从不同的角度思考问题，激发学习兴趣，并能分析对比不同方法的优缺点，选择最优的设计方案。

第 4 章介绍编写 Testbench 的方法和静态时序分析原理。通过本章内容的学习，读者可以熟练运用可综合元素实现逻辑设计，运用不可综合元素实现逻辑验证和行为建模，掌握静态时序分析的基础知识，为时序、面积等设计优化奠定基础。

第 5 章给出 7 个综合案例，包括数值计算、信号生成、数字混频、数字滤波、FFT 幅频特性分析、BPSK 调制解调、DBPSK 调制解调。案例注重综合能力的培养，除了熟练运用 Verilog HDL 知识实现数字系统设计以外，还锻炼读者善于结合现成可用的 IP 核以及第三方软件的能力，在实现比较复杂的系统功能的同时提高设计效率。通过本章案例的学习，可以为实现更加复杂的工程案例奠定坚实的基础。

作者在该领域已经有 20 多年的学习、工程实践经验以及 10 多年的一线教学工作积累，本书的内容是作者针对 HDL 学习和教学的一些经验之谈，希望能对从事相关领域的人员有所帮助。

本书的出版得到了国家自然科学基金项目（编号：52177083）、河北省研究生示范课程项目(编号：KCJSX2024116)、华北电力大学"双一流"研究生教材项目、华北电力大学"双一流"研究生学科核心课程"现代电子系统设计与测试"项目、华北电力大学本科专业核心课程"数字系统设计与 EDA 技术"项目的支持。

鉴于作者水平有限，欢迎专家学者、读者批评指正。

作　者

2025 年 5 月

目录
CONTENTS

## 第 1 章

Verilog HDL 基础语法知识

硬件描述语言(Hardware Description Language,HDL)是一种以文本形式来描述数字系统硬件结构和行为的语言。与传统的原理图设计方法相比,HDL 更适合描述大规模的数字系统,它使设计者在比较抽象的层次上对所设计系统的结构和逻辑功能进行描述。当今在业界使用的占主流的 HDL 有两种:VHDL 和 Verilog HDL。

Verilog HDL 由 Gateway Design Automation 公司于 1983 年首次提出,并在此后为 Verilog HDL 设计了 Verilog-XL 仿真器。Verilog-XL 仿真器使得 Verilog HDL 得到了广泛的使用。Gateway Design Automation 公司在 1989 年被 Cadence 公司收购。1990 年,Cadence 公司公开发表了 Verilog HDL,并成立了 OVI(Open Verilog International)组织,专门负责 Verilog HDL 的推广和发展。Verilog HDL 在 1995 年成为 IEEE 标准,并简称为 IEEE Standard 1364—1995。此后,IEEE 分别制定了 IEEE Standard 1364—2001 和 IEEE Standard 1364—2005。

Verilog HDL 是在 C 语言的基础上发展而来的。在语法结构上,Verilog HDL 与 C 语言有许多相似之处,因此具有 C 语言基础的设计者可以更快地掌握 Verilog HDL。但是 Verilog HDL 是一种硬件描述语言,与无法实现硬件描述的 C 语言具有本质区别。

1.1 Verilog HDL 的基本结构

Verilog HDL 对逻辑功能的描述是以"模块"为基本设计单元。每个模块都实现了一定的逻辑功能。一个独立的 Verilog HDL 文件一般只包含一个模块。在层次化设计中,高层次的模块可以调用低层次的模块,此时低层次模块以"元件"的形式出现。

Verilog HDL 的基本结构如下:

```
module 模块名称 (端口列表);
[内部信号定义;]      //方括号在描述语法时,表示可选项
逻辑功能描述;
endmodule
```

【例 1.1】 逻辑表达式 F＝A・B+C・D 的 Verilog HDL 描述如图 1.1 所示。

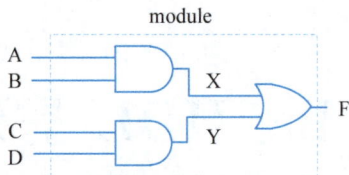

图 1.1　逻辑表达式 F＝A·B＋C·D 的电路结构图

```
module logic_example        //模块名称
        (input wire   A,
         input wire   B,
         input wire   C,
         input wire   D,
         output wire  F
        );                   //端口列表
    wire X,Y;                //内部信号定义,assign赋值语句的赋值变量类型为wire
    //以下3条语句为逻辑功能描述
    //3条assign语句是并行执行关系,可以任意调换书写顺序
    assign X=A & B;
    assign Y=C & D;
    assign F=X | Y;

endmodule
```

1. 模块声明

Verilog HDL 的模块声明以 module 开始,以 endmodule 结束。所有描述代码均包含在 module 与 endmodule 之间。module 与 endmodule 都是 Verilog HDL 的关键词。

2. 模块名称

模块名称由设计者自己定义,属于 Verilog HDL 中的标识符。关于标识符的命名规则将在 1.2 节介绍。例 1.1 中,logic_example 为模块名称。模块名称一般需要体现模块的功能。

3. 端口列表

例 1.1 中,括号里面的代码(input wire A,input wire B,input wire C,input wire D,output wire F)为端口列表描述。可以在一行代码中声明多个端口,但一般为了方便阅读,每行代码只声明一个端口。

Verilog HDL 中的端口方向有 3 类:input、output、inout。端口定义除了需要定义方向外,还要定义端口的数据类型。Verilog HDL 中的数据类型有两种:net 型和 variable 型。每种数据类型中包含若干子类型。其中,net 数据类型中的 wire 类型和 variable 数据类型中的 reg 类型是最常用的两种数据类型。Verilog HDL 中默认时的数据类型为 wire 类型。

注意:端口列表的声明格式取决于使用的 Verilog HDL 标准。在 IEEE 1364—1995 标准中,端口列表和端口定义是分开的。在 IEEE 1364—2001 标准中,端口定义放在端口列表中。本书采用 IEEE 1364—2001 标准。

4. 内部信号定义

内部信号的作用是实现模块中各个设计单元之间的通信。定义格式需要声明数据类型和信号名称。例如,例 1-1 中的"wire X,Y;"语句的作用是声明 2 个 1 位 wire 类型、名称分别为 X 和 Y 的内部信号。

5. 逻辑功能描述

逻辑功能描述为 Verilog HDL 的核心部分。从赋值方法角度考虑,逻辑功能描述主要有 3 种方式。

(1) assign 赋值。assign 语句一般用于组合逻辑的赋值,称为持续赋值方式。例如,例 1.1 中的"assign X＝A & B;"、"assign Y＝C & D;"和"assign F＝X｜Y;"3 条语句都是持续赋值语句。

(2) always 过程块。always 过程块中的赋值语句称为过程赋值语句。除过程赋值语句外,还包括其他条件控制语句等类似于高级语言的语句。

注意:always 过程块中被赋值的变量都要声明为 variable 类型。当过程块中含有多条语句时,需要把所有语句包括在 begin 与 end 之间。

【例 1.2】 采用 always 块描述逻辑表达式 F＝A・B+C・D。

```
module logic_example (input wire A,
                      input wire  B,
                      input wire  C,
                      input wire  D,
                      output reg  F);

    reg X,Y;        //内部信号定义,always 过程块中的赋值变量类型为 reg
    //以下 3 个 always 过程块语句实现逻辑功能描述
    //3 个过程块是并行关系,书写顺序可以任意调换
always @(A,B)
  begin
    X=A & B;
  end

always @(C,D)
  begin
    Y=C & D;
  end

always @(X,Y)
  begin
    F=X | Y;
  end

endmodule
```

(3) 元件调用。元件调用是指调用已经存在的功能元件来描述当前设计的方法。Verilog HDL 可以调用的元件有内置逻辑门、内置开关元件、层次化设计中的低层次模块。内置逻辑门、内置开关元件是 Verilog HDL 自定义的逻辑门和开关元件。

【例 1.3】 采用元件调用方法描述逻辑表达式 F＝A・B+C・D。

```
module logic_example (input wire A,
                      input wire  B,
                      input wire  C,
```

```
                      input wire  D,
                      output wire  F);

wire X,Y;         //内部信号定义
   //以下 3 条元件例化语句实现逻辑功能描述
   //3 条语句是并行关系,书写顺序可以任意调换
   and u1(X,A,B);
   and u2(Y,C,D);
   or  u3(F,X,Y);
endmodule
```

例 1.3 使用了 Verilog HDL 中的内置逻辑或门 or 和内置逻辑与门 and。内置逻辑门和内置开关元件可以直接调用。

注意：assign 赋值、always 过程块、元件调用 3 种语句可以同时出现,而且三者之间的执行关系是并发执行,即三者的执行顺序与代码出现的先后顺序无关。同时要注意,always 过程块内部的语句为顺序处理语句。

1.2 Verilog HDL 语言要素

Verilog HDL 代码是由各种符号构成的,这些符号包括关键词(Key Words)、标识符(Identifiers)、注释(Comments)、常量(Constant)、变量(Variable)、运算符(Operators)和空格(White Space)等。

1. 关键词

关键词是 Verilog HDL 定义的特殊字符串,用来实现相应的语言结构,通常为小写的英文字符串。例如,module、endmodule、input、output、inout、wire、reg、if 等都是关键词。

2. 标识符

标识符是用户在编程时给 Verilog 对象起的名字。模块名、端口名、元件标号名等都是标识符。Verilog 中标识符的命名规则如下。

- 标识符的合法符号为字母、数字、"$"和"_"。
- 标识符只能含有合法字符。
- 标识符为合法字符的组合。
- 标识符必须以字母或"_"开头。
- 标识符区分大小写。

合法标识符如：

```
data_in、clk、cnt60、MY_$
```

非法标识符如：

```
123             //必须以字母或"_"开头
rst_#           //含有非法字符"#"
```

注意：①关键词不能作为标识符使用；②关键词和标识符区分大小写,区分大小写也是 Verilog HDL 的一个基本特点。

3. 注释

Verilog HDL 有以下两种注释方式。

* 单行注释：以"//"开始到本行结束，只注释一行。
* 多行注释：以"/＊"开始到"＊/"结束。

4. 常量

常量是指在程序执行过程中其值不能改变的量。Verilog HDL 中的常量包括整数常量、实数常量、字符串型常量。

（1）整数常量。Verilog HDL 中的整数常量有两种书写格式：十进制格式和基数格式。

① 十进制格式是一个可以带正负号的数字序列，代表一个有符号数。例如：

```
27          //十进制 27
-51         //十进制-51
```

② 基数格式的形式如下：

```
［位宽］'基数　数值
```

注意："'"与基数之间不能出现空格。

* 位宽指定常数的位数，为可选项，如果没有声明位宽，则位宽为常数的数值所对应的位宽。
* 基数指定常数的进制，可以为 o 或 O（八进制）、b 或 B（二进制）、d 或 D（十进制）、h 或 H（十六进制）之一。
* 数值代表常数的取值，为一个数字序列，其形式与基数定义的形式一致。

合法的整数常量基数格式如：

```
7'O78               //7 位八进制整数
2'B11               //2 位二进制整数
5'D127              //5 位十进制整数
6'H4F               //6 位十六进制整数
'B010100100000      //12 位二进制整数,位宽默认
'HF7                //2 位十六进制整数,位宽默认
```

非法的整数常量基数格式如：

```
4'D-7               //数值不能为负
(2+5)'B1010010      //位宽不能为表达式
```

（2）实数常量。实数又称为浮点数。Verilog HDL 中的实数常量有两种书写格式：十进制格式和指数格式。

① 十进制格式。实数用十进制格式表示时，实数必须包括整数部分和小数部分。例如：

```
2.0
3.1415926
0.15
```

② 指数格式。指数格式由数字和字符 E 或 e 组成，e(E)前面必须有数字且后面的数字必须为整数，例如：

```
2.17E2              //数值为 217
5E-2               //数值为 0.05
```

（3）字符串常量。字符串常量是由一对双引号括起来的字符序列。出现在双引号内的任何字符都作为字符串的一部分。例如：

```
"VERILOG HDL"
"IEEE STD 1364-2001"
```

5. 变量

变量是数值可以改变的量。变量在定义时需要指定数据类型，因此变量可以根据其数据类型进行分类。Verilog HDL 中的数据类型分为两类：net 型和 variable 型。

1）net 型数据类型

net 型变量相当于硬件电路中的实际连线，其特点是变量的输出值紧跟输入值的变化而变化。net 型变量的值取决于驱动变量的值。net 型变量有两种驱动方式：一种是元件调用中将变量连接至元件的输出端；另一种是用持续赋值语句 assign 对 net 型变量赋值。net 型数据类型共有 11 种，包括 wire、tri、wor、trior、wand、triand、trireg、tri1、tri0、supply1、supply0。如果没有驱动连接到 net 型变量，则该变量的值为 Z(trireg 除外)。

net 型变量的声明格式如下：

```
net 类型 位宽 变量 1,变量 2,…,变量 N;
```

- net 类型为 11 种 net 类型中的任意一种。
- 位宽定义了变量的位数，分为增区间[lsb:msb]和减区间[msb:lsb]两种表示方法。msb 定义了最高取值范围，lsb 定义了最低取值范围。如果没有指定位宽，则认为定义的变量位宽为 1。
- 变量 1 至变量 N 为变量名。

net 型变量的声明如下：

```
wire  [3:0] cnt;       //定义了名称为 cnt 的 4 位 wire 类型的变量
tri    s_out;          //定义了名称为 s_out 的 1 位 tri 类型的变量
```

2）variable 型数据类型

variable 型变量必须在过程语句(always，initial)中使用，通过过程赋值语句进行赋值。variable 型数据类型共有 4 种：reg、integer、real、time。在使用 Verilog HDL 进行逻辑功能设计时，主要使用 reg 类型和 integer 类型。variable 型变量的声明格式类似于 net 型变量的声明格式，不同之处仅是关键词不同。

variable 型变量的声明格式如下：

```
variable 类型 位宽 变量 1,变量 2,…,变量 N;
```

variable 型变量的声明如下：

```
reg  [3:0] cnt;        //定义了名称为 cnt 的 4 位 reg 类型的变量
integer   s_out;       //定义了名称为 s_out 的 integer 类型的变量
```

注意：

（1）数据类型缺省时默认为 wire 类型。

（2）wire 类型变量的使用场合：assign 赋值语句、元件调用的端口映射语句。

（3）reg 类型变量的使用场合：always 过程语句、initial 过程语句。

6. 运算符

Verilog HDL 提供了丰富的运算符，设计者可以直接调用相应运算符进行逻辑功能描述。按照功能进行划分，运算符可以分为算术运算符、逻辑运算符、按位运算符、归约运算符、关系运算符、移位运算符、条件运算符、连接运算符等。

除关系运算符外，本教材介绍的其他运算符的操作数均不考虑取值为 x 和 z 的情况。

1）算术运算符

Verilog HDL 定义的算术运算符如表 1.1 所示。其中，乘方运算只有指数为整常数时才可以实现综合。

表 1.1　算术运算符

符　　号	算 术 运 算	符　　号	算 术 运 算
＋	加	/	除
－	减	%	取模
*	乘	**	乘方

【例 1.4】　输入位宽为 3 的计算单元设计。

```
module alu (input[2:0] a,b,
            output wire [5:0] rt_add, rt_aub,rt_mul,rt_div,rt_mod,
            output wire [5:0] rt_a2);
    assign rt_add=a+b;
    assign rt_sub=a-b;
    assign rt_mul=a * b;
    assign rt_div=a/b;
    assign rt_div=a%b;
    assign rt_a2=a * * 2;
endmodule
```

例 1-4 中，实现了一个输入数据位宽为 3，具有加、减、乘、除、取模和乘方 6 种算术运算功能的算术单元，功能是通过使用 Verilog HDL 的算术运算符实现的。

例 1-4 中，输出数据的位宽设置为 6，目的是防止计算结果溢出。

为了防止计算结果溢出，需要根据具体的运算设置合理的位宽：

（1）加法和减法运算中，和或差的位宽比操作数的位宽多 1 位，可以防止结果溢出；

（2）乘法运算中，积的位宽取两个乘数位宽之和可以防止结果溢出。

根据以上描述，例 1-4 中的 rd_add 和 rt_sub 的位宽也可以设置为 4。

注意：

位宽原则：算术表达式结果的长度由最长的操作数决定。在赋值语句中，算术操作结果的长度由操作符左端目标的长度决定。表达式中的所有中间结果应取最大操作数的长度，如果这个中间结果会赋值给左端目标，则最大操作数长度也包括左端目标的长度。

2）逻辑运算符

Verilog HDL 定义的逻辑运算符如表 1.2 所示。

表 1.2　逻辑运算符

符　号	逻辑运算
&&	与
||	或
!	非

【例 1.5】 用逻辑运算符实现逻辑控制。

图 1.2 至图 1.4 给出了 3 个用开关 A、B 控制灯 L 亮灭的简单电路。A、B 为 1 时代表开关闭合，A、B 为 0 时代表开关断开。L=1 时代表灯亮，L=0 时代表灯灭。

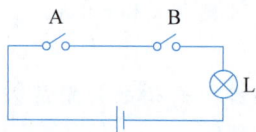

图 1.2　与逻辑控制

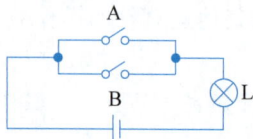

图 1.3　或逻辑控制

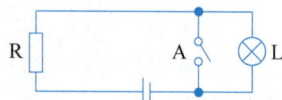

图 1.4　非逻辑控制

```verilog
module logic_and (input  A,B,
              output reg L);
    always@(A,B)
       begin
         if (A&&B)
              L=1'b1;
          else
              L=1'b0;
       end
endmodule
```

```verilog
module logic_or (input  A,B,
              output reg L);
    always@(A,B)
       begin
         if (A||B)
              L=1'b1;
          else
              L=1'b0;
       end
endmodule
```

```verilog
module logic_not (input  A
              output reg L);
    always@(A,B)
       begin
         if (!A)
              L=1'b1;
          else
              L=1'b0;
       end
endmodule
```

3）按位运算符

Verilog HDL 定义的按位运算符如表 1.3 所示。如果操作数长度不同，则长度较短的操作数在高位添 0 补齐。

表 1.3 按位运算符

符　　号	按 位 运 算	符　　号	按 位 运 算
～	非	～|	或非
&	与	^	异或
|	或	^～,～^	同或
～&	与非		

【例 1.6】　用按位运算符实现逻辑功能。

```
module logic_and (input[3:0]  A,B,
                  output reg[3:0] F);
    always@(A,B)
       begin
         F=A&B;
       end
endmodule
```

上面的代码也可以写为如下形式,如图 1.5 所示。

```
module logic_and (input[3:0]  A,B,
                  output reg[3:0] F);
    always@(A,B)
       begin
         F[3]=A[3]&B[3];
         F[2]=A[2]&B[2];
         F[1]=A[1]&B[1];
         F[0]=A[0]&B[0];
       end
endmodule
```

4）规约运算符

Verilog HDL 定义的归约运算符如表 1.4 所示。

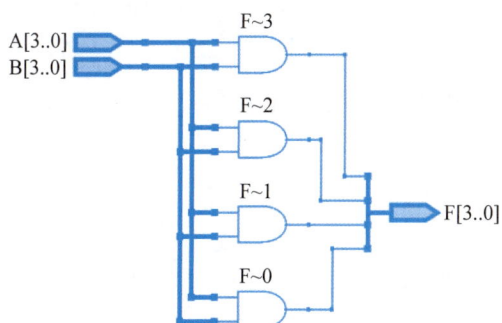

图 1.5 "按位与"电路结构图

表 1.4 归约运算符

符　　号	归 约 运 算
&	与
～&	与非
|	或
～|	或非
^	异或
^～,～^	同或

【例 1.7】 用规约运算符实现逻辑功能(图 1.6)。

```
module logic_test (input[3:0]  A,
                   output reg F);
    always@(A)
      begin
        F=&A;
      end
endmodule
module logic_test (input[3:0]  A,
                   output reg F);
    always@(A)
      begin
        F=A[3]&A[2]&A[1]&A[0];
      end
endmodule
```

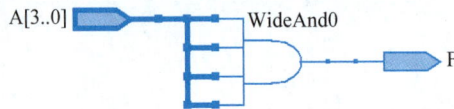

图 1.6 "归约与"电路图

5) 关系运算符

Verilog HDL 定义的关系运算符如表 1.5 所示。

表 1.5 关系运算符

符 号	关系运算	符 号	关系运算
<	小于	==	逻辑相等
<=	小于或等于	!=	逻辑不等
>	大于	===	按位全等
>=	大于或等于	!==	按位不等

关系操作符的结果为真(1)或假(0)。如果操作数中有一位为 x 或 z,那么结果为 x。例如:

```
23>45              //结果为 0
52<8'hxFF          //结果为 x
```

在按位全等(===)比较中,值 x 和 z 严格按位比较。而在逻辑相等(==)比较中,如果两个操作数之一包含 x 或 z,则结果为 x。

例如:

```
'b11x0 == 'b11x0    //结果为 x
'b11x0 === 'b11x0   //结果为 1
```

如果操作数长度不同,则长度较短的操作数在高位添 0 补齐。

例如:

```
'b1000>='b01110
```

等价于：

```
'b01000>='b01110
```

结果为假(0)。

【例1.8】　用关系运算符实现数据选择功能。

```
module logic_test (input[3:0]  A,B,
                   output reg[3:0] C);
    always@(A,B)
      begin
        if (A>B)
           C=A;
        else
           C=B;
      end
endmodule
```

6）移位运算符

Verilog HDL 定义的移位运算符如表 1.6 所示。移位运算符的右操作数应为整数常数。

表 1.6　移位运算符

符　　号	移 位 运 算
<<	左移
>>	右移

【例1.9】　用移位运算符实现数据缩放功能。

```
module logic_shift (input[3:0]  A,
                    output reg[3:0] C);
    always@(A)
      begin
        C=A<<2;
      end
endmodule
```

7）条件运算符

Verilog HDL 定义的条件运算符如表 1.7 所示。

表 1.7　条件运算符

条 件 运 算 符 号
?:

条件运算符的格式：

```
表达式? 取值1: 取值2;
```

当表达式为逻辑真时,结果等于取值1;否则,结果等于取值2。

【例1.10】 用条件运算符实现数据选择功能。

```
module logic_condition (input[3:0] A,B,
                        output reg[3:0] C);
    always@(A,B)
        begin
          C=(A>B)? A:B;
        end
endmodule
```

例1.10与例1.8实现了相同的功能。

8）连接运算符

Verilog HDL定义的连接运算符如表1.8所示。

表1.8 连接运算符

连接运算符号
{ }

连接运算符的作用是实现二进制数据的连接。例如：

```
wire[7:0] A;
assign A[7:4]={A[0],A[1],A[2],A[3]};     //以反转的顺序将低端4位赋给高端4位
assign A={A[3:0],A[7:4]};                //高4位与低4位交换
```

由于十进制格式常数的长度未知,因此不允许连接十进制格式的常数。

```
assign B={A[3:0],6};                     //错误语句,不允许连接十进制格式的常数
```

重复连接相同的数据时,可以使用如下格式：

```
{重复次数{变量或常数}}
```

例如：

```
{3{1'b1}}的结果为3'b111
{3{4'b1001}}的结果为12'b100110011001
```

【例1.11】 用连接运算符实现符号位扩展功能。

```
module logic_connection (input[3:0] A,
                         output reg[5:0] B);
    always@(A)
        begin
          B={{2{A[3]}},A};
        end
endmodule
```

例1.11中,{2{A[3]}}首先实现了符号位的复制链接,然后和A自身进行了连接。

注意:需要考虑运算符的优先级问题。若不确定,则使用"()"保证与逻辑设计的优先级一致。

1.3 Verilog HDL 描述语句

Verilog HDL 支持多种描述语句,可以方便地在较高的层次对硬件电路进行描述。
Verilog HDL 描述语句分为 3 类:

- 参数定义语句;
- 逻辑功能描述语句;
- 编译语句。

1. 参数定义语句

参数定义语句包括 parameter、defparam 和 localparam 3 类语句。下面主要介绍 parameter 的使用。parameter 的使用场合有两种情况,一种是端口参数,另一种是模块内部参数。

(1) 端口参数定义格式如下:

```
module 模块名称 #(parameter 参数名1=参数值1,
                 parameter 参数名2=参数值2,
                 ...
                 parameter 参数名N=参数值N)          //注意此处没有分号
                 (端口列表);
```

【例 1.12】 parameter 定义端口参数。

```
module and_op   #(parameter N=8)
                  (input[N-1:0] a,b,
                   output[N-1:0] c);
     assign c=a & b;
endmodule
```

(2) 模块内部参数定义格式如下。

```
parameter 参数名1=参数值1;
parameter 参数名2=参数值2;
...
parameter 参数名N=参数值N;
```

【例 1.13】 parameter 定义模块内部参数。

```
module alu (input[2:0] a,b,
            input[1:0] op,
            output reg[5:0] rt);

   parameter op1=2'b00;
   parameter op2=2'b01;
   parameter op3=2'b10;
   parameter op4=2'b11;
   wire [5:0]rt_add,rt_aub,rt_mul,rt_div;
   assign rt_add=a+b;
   assign rt_sub=a-b;
   assign rt_mul=a * b;
   assign rt_div=a/b;
```

```
always@ *
  begin
    case (op)
      op1: rt<=rt_add;
      op2: rt<=rt_sub;
      op3: rt<=rt_mul;
      op4: rt<=rt_div;
      default: rt<=6'b0;
    endcase
  end
endmodule
```

2. 逻辑功能描述语句

逻辑功能描述语句是 Verilog HDL 的重要语句,它是实现逻辑功能的基础。

为了能够清楚地给出逻辑功能描述语句的使用方法,本教材特别强调了描述语句的使用场合,根据 Verilog HDL 的基本结构,逻辑功能描述部分主要由若干并发描述语句构成。其中,过程块语句作为一个整体,呈现并发特性,而过程块内部的 begin…end 块语句中包含的语句是顺序处理语句,如图 1.7 所示。图 1.7 中,always 语句与其他 n 条并发描述语句之间是并发关系,可以任意调整书写顺序。

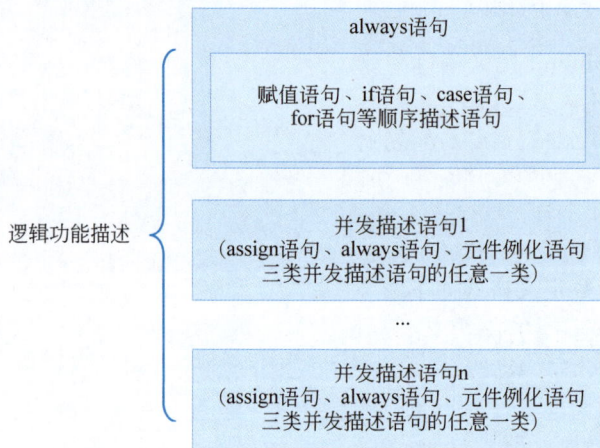

图 1.7　Verilog HDL 逻辑功能描述语句架构

根据执行顺序与书写顺序是否相关,Verilog HDL 的逻辑功能描述语句可以分为并行描述语句和顺序描述语句两大类。

（1）并发描述语句主要如下:

- assign 赋值语句;
- always 过程块语句;
- 元件例化语句;
- generate 语句。

其中,generate 语句比较特殊,其内部不仅可以使用顺序描述语句,而且可以使用 assign、always 和元件例化并发描述语句。此处不介绍 generate 语句的相关内容,关于 generate 语句的介绍,请参阅第 2 章。

（2）顺序描述语句是指 always 过程语句中的描述语句，主要如下：

- 赋值语句；
- if 语句；
- case 语句；
- for 语句等。

3. 并发描述语句

1）assign 赋值语句

即用关键词 assign 引导的一条赋值语句。语法格式如下：

assign net 类型变量=赋值表达式；

【例 1.14】 1 位半加器的 assign 描述（图 1.8）。

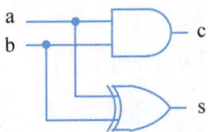

图 1.8　1 位半加器逻辑电路图

```
module half_adder (input wire    a,
                   input wire    b,
                   output wire   s,
                   output wire   c);
    assign s=a ^ b;
    assign c=a & b;
endmodule
```

上例中的两条 assign 语句是并行执行的，与书写顺序无关，可以调换书写顺序。

注意：

（1）assign 赋值语句只能给 net 型变量进行赋值。

（2）算术运算的底层是逻辑运算。

2）always 过程块语句

Verilog HDL 的过程块语句有两种：always 语句和 initial 语句。always 语句和 initial 语句都引导一段代码，称为过程块。代码有两种封装形式：begin…and（顺序执行过程块）和 fork…join（并行执行过程块）。在一个 module 中，always 和 initial 的使用次数不受限制。由于 initial 语句不可综合，因此此处的过程块语句仅考虑 always 语句。

always 引导的过程块有两种状态：执行和挂起。当"@"后面括号内的敏感信号列表中的信号发生改变时，过程块执行。如果敏感信号列表中的信号不发生变化，则过程块挂起。如果 always 后面无敏感信号列表，则过程块无条件执行。无条件执行的语句一般用来编写仿真测试代码。

敏感信号列表中的信号有两类：电平敏感信号和边沿敏感信号。一般组合逻辑的 always 过程块采用电平敏感信号列表，时序逻辑电路采用边沿敏感信号列表。

【例 1.15】 电平敏感 always 过程块举例。

```
module data_sel(input wire    a,
                input wire    b,
                output reg    c);

always @ (a, b)
   begin
     if (a>b)
        c=a;
     else
        c=b;
   end
endmodule
```

例 1.15 中,只有当敏感信号表中的信号 a 或 b 发生变化时,过程块中的语句才被执行。多个敏感信号之间用逗号隔开。如果对过程块中的所有驱动信号敏感,则可以使用通配符"＊"。通配符可以使用括号,也可以不使用。

【例 1.16】　使用通配符"＊"的 always 过程块。

```
module data_sel   (input wire    a,
                   input wire    b,
                   output reg    c);
always @ *
   begin
     if (a>b)
        c=a;
     else
        c=b;
     end
endmodule
```

例 1.15 与例 1.16 等价。

【例 1.17】　边沿敏感信号列表 always 过程块举例。

```
module d_ff   (input wire    clk,
              input wire    D,
              output reg    Q);
always @(posedge clk)
   begin
      Q<=D;
   end
endmodule
```

例 1.17 中,当敏感信号表中的信号 clk 的上升沿到来时,过程块中的语句才被执行。

3) 元件例化语句

元件例化是按照系统的实际功能及连接关系进行功能单元模块调用的一种形式。元件例化的前提是元件已经预定义,只有预定义的元件才能被例化。

Verilog HDL 中元件的种类包括:内置逻辑门、内置开关级 MOS 晶体管、用户设计 module、用户自定义 UDP。

4) Verilog HDL 内置元件

Verilog HDL 提供了 25 个内置元件,如表 1.9 所示。在使用内置元件时,可以不声明元件例化名。

表 1.9　Verilog HDL 内置元件

元 件 分 类	元 件 名 称	说　　明
多输入门	and,nand,or,nor,xor,xnor	1 个或多个输入,1 个输出
多输出门	buf,not	1 个或多个输出,1 个输入
三态门	bufif0,bufif1,notif0,notif1	1 个输入,1 个使能,1 个输出
上拉、下拉电阻	pullup,pulldown	—
MOS 开关	cmos,nmos,pmos,rnmos,rpmos	—
双向开关	tran, tranif0, tranif1, rtran, rtranif0, rtranif1	—

调用内置门元件的格式如下:

门元件名称［门元件例化名］(［端口列表］);

多输入门端口列表的格式如下:

(输出,输入 1,输入 2,…);　　　　//输出在前,输入在后

例如,二输入与门元件的例化语句为:

and U1 (c, a, b);

该例化语句中,and 为元件名称,U1 为元件例化名,c 为输出端口,a、b 为输入端口。

5) 用户自定义 module 元件

除了 Verilog HDL 内置的元件外,用户也可以将自己设计的 module 作为元件进行例化。语法格式为:

元件名 元件标号名［#(端口参数映射列表)］(端口映射列表)

端口参数映射和端口映射均有两种模式:位置映射法和名称映射法。

(1) 位置映射法。

位置映射法通过端口映射列表中高层模块的变量或端口与底层元件端口列表中的端口出现在相同的位置实现连接。类似于 C 语言中函数调用中形式参数和实际参数的对应。

端口列表的语法格式如下:

(高层模块变量或端口 1,高层模块变量或端口 2,…,高层模块变量或端口 n);

(2) 名称映射法。

名称映射法通过声明底层元件端口名称和高层模块变量或端口名称的对应关系实现信号的连接。

端口列表的语法格式如下:

(.元件端口名 1　(高层模块变量或端口 1),
.元件端口名 2　(高层模块变量或端口 2),
…
.元件端口名 n　(高层模块变量或端口 n));

【例 1.18】　1 位半加器的元件例化描述。

本例为了介绍两种端口映射方法及用户自定义 module 元件,没有使用内置门电路,而

是使用按位逻辑运算符重新设计了与逻辑门电路和异或逻辑门电路,然后依据图 1.8 所示的电路图实现了元件端口的例化连接。为了和内置门电路进行区分,模块的名称不能与内置电路的模块名称相同。

(1)与逻辑门描述如下:

```
module and_2 (input  wire  i1,
              input  wire  i2,
              output wire  rt);
   assign rt=i1&i2;
endmodule
```

(2)异或逻辑门描述如下:

```
module xor_2 (input  wire  i1,
              input  wire  i2,
              output wire  rt);
   assign rt=i1^i2;
endmodule
```

(3)位置映射法实现元件例化的描述如下:

```
module half_adder (input  wire  a,
                   input  wire  b,
                   output wire  s,
                   output wire  c);
   xor_2 u1 (a,b,s);
   and_2 u2 (a,b,c);
endmodule
```

(4)名称映射法实现元件例化的描述如下:

```
module half_adder (input  wire  a,
                   input  wire  b,
                   output wire  s,
                   output wire  c);
xor_2 u1 (.rt  (s),
          .i1  (a),
          .i2  (b));
and_2 u2 (.rt  (c),
          .i1  (a),
          .i2  (b));
endmodule
```

图 1.9 为例 1.18 代码综合后得到的例化结构图。

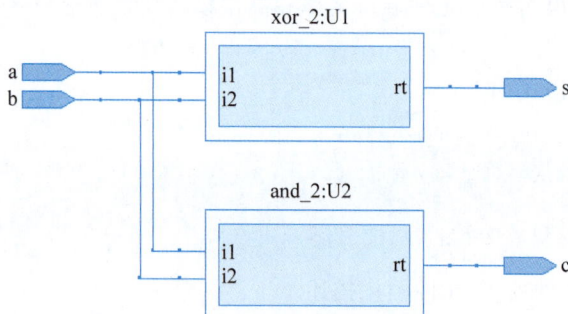

图 1.9 1 位半加器的例化结构图

4. 顺序描述语句

顺序描述语句指的是在 always 过程块语句内,由关键词 begin…and 封装起来的一段代码。当只有一句代码时,begin…and 可以省略。

1) 过程赋值语句

Verilog HDL 存在两类赋值语句,一类是 assign 赋值语句,也称为持续赋值语句;另一类称为过程赋值语句,这是因为此类赋值语句使用在 always 或 initial 引导的过程块中。过程赋值语句只能给 variable 型变量赋值。Verilog HDL 中有两种过程赋值语句:阻塞(blocking)过程赋值语句和非阻塞(non-blocking)过程赋值语句。

(1) 阻塞过程赋值语句。阻塞过程赋值语句的操作符为"="。阻塞是指当某条阻塞过程赋值语句正在执行时,处于该条语句后面的其他语句不能执行,相当于当前语句阻塞了其后面语句的执行。

注意:阻塞过程赋值语句执行结束后,被赋值的变量立即发生改变,后面使用该变量的语句代入的是改变后的值。

【例 1.19】 阻塞过程赋值语句应用举例。

```
module block_test    (input wire a,
                      input wire clk,
                      output reg b,
                      output reg c);
always @ (posedge clk)
  begin
      b=a;
      c=b;
  end
  endmodule
```

例 1.19 的仿真波形如图 1.10 所示。

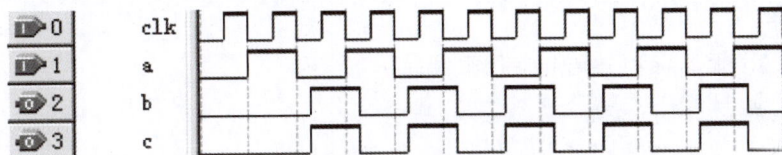

图 1.10　例 1.19 的仿真波形

(2) 非阻塞过程赋值语句。非阻塞过程赋值语句的赋值符号为"<="。

过程赋值语句的执行可以分解为两个子过程。

- 子过程 1:计算赋值符号右侧表达式的值。
- 子过程 2:对赋值符号左侧的变量赋值。

阻塞过程赋值语句的两个子过程是同时完成的,在执行子过程 1 后立即执行子过程 2,阻塞了后面语句子过程 2 的执行。非阻塞过程赋值语句的两个子过程是分开执行的,在执行子过程 1 后,开始执行后面语句的子过程 1,等该过程块的所有语句的子过程 1 都执行结束后,再从过程的第一条语句执行子过程 2。

在非阻塞赋值语句的子过程 1 中,计算表达式的值时使用的变量的值为当前变量的值,即未执行子过程 2 时的变量的值。

【例 1.20】 非阻塞过程赋值语句应用举例。

```
module unblock_test(input wire a,
                    input wire clk,
                    output reg b,
                    output reg c);
   always @(posedge clk)
     begin
       b<=a;
       c<=b;
     end
   endmodule
```

例 1.20 的仿真波形如图 1.11 所示。

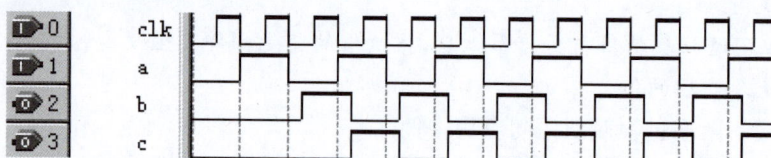

图 1.11　例 1.20 的仿真波形

注意：在设计组合逻辑电路时,建议使用阻塞赋值语句;在设计时序逻辑电路时建议使用非阻塞赋值语句。不建议混合使用阻塞赋值语句和非阻塞赋值语句。

2）if 语句

if 语句主要有以下 4 种形式。

（1）无 else 项 if 语句,其语法格式如下：

```
if (条件)
begin
    顺序描述语句;
end
```

【例 1.21】 无 else 项 if 语句应用举例。

```
module if_ex1 (input wire a,
               input wire b,
               output reg c);
               always @(a,b)
                 begin
                 if (a==b)
                   c=1'b1;
                 end
endmodule
```

（2）单一 if…else 语句,其语法格式如下：

```
if (条件)
  begin
    顺序描述语句;
  end
else
```

```
    begin
        顺序描述语句;
    end
```

【例 1.22】　单一 if…else 语句应用举例(D 触发器)。

```
module if_ex2 (input wire rst_n,clk,
               input wire d,
               output reg q);

                always @ (posedge clk)
                  begin
                    if (!rst_n)
                        q<=1'b0;
                    else
                        q<=d;
                  end
    endmodule
```

(3) if…else if 语句,其语法格式如下:

```
if (条件)
    begin
        顺序描述语句;
    end
else if (条件)
    begin
        顺序描述语句;
    end
else if (条件)
        ...
else if (条件)
    begin
        顺序描述语句;
    end
else
    begin
        顺序描述语句;
    end
```

【例 1.23】　if…else…if 语句应用举例(数值比较器)。

```
module if_ex3 (input wire a,b,
               output reg eq,gt,lt);

always @ (a,b)
  begin
    if (a==b)
      begin
        eq=1'b1;
        gt=1'b0;
        lt=1'b0;
```

```
          end
      else if (a>b)
        begin
          eq=1'b0;
          gt=1'b1;
          lt=1'b0;
        end
      else
        begin
          eq=1'b0;
          gt=1'b0;
          lt=1'b1;
        end
  end
endmodule
```

(4) if…else 语句嵌套,其语法格式如下：

```
if (条件)
  begin
    if (条件)
      begin
        if (条件)
          begin
            …
            if (条件)
              begin
                顺序描述语句;
              end
                else
            …
              end
          end
    end
```

【例 1.24】 if 语句嵌套应用举例(选取 3 个数值中的最大值)。

```
module if_ex4 (input wire a,b,c,
              output reg d);

always @ (a,b,c)
    begin
      if (a>b)
        begin
          if (a>=c)
              d=a;
          else
              d=c;
        end
      else
        begin
```

```
        if (b>=c)
                d=b;
        else
                d=c;
        end
    end
endmodule
```

3）case 语句

case 语句与 C 语言的 switch 语句类似，可以实现多选一的电路设计。在数字逻辑中，case 语句可以用来实现数据选择器、状态机、译码器等电路的设计。

case 语句的语法格式如下：

```
case (条件表达式)
        表达式取值 1：语句 1；
        表达式取值 2：语句 2；
        表达式取值 3：语句 3；
        …
        表达式取值 n：语句 n；
        default:    语句 n+1；
endcase
```

【例 1.25】 利用 case 语句实现 2-4 译码器。

```
module decode_2_4 (input wire[1:0] din,
                output reg y3_n,y2_n,y1_n,y0_n);

always @ (din)
    begin
    case (din)
      2'b00:
        begin
            y3_n=1'b1;y2_n=1'b1;y1_n=1'b1;y0_n=1'b0;
        end
      2'b01:
        begin
            y3_n=1'b1;y2_n=1'b1;y1_n=1'b0;y0_n=1'b1;
        end
      2'b10:
        begin
            y3_n=1'b1;y2_n=1'b0;y1_n=1'b1;y0_n=1'b1;
        end

      2'b11:
        begin
            y3_n=1'b0;y2_n=1'b1;y1_n=1'b1;y0_n=1'b1;
        end
      default:
        begin
            y3_n=1'b1;y2_n=1'b1;y1_n=1'b1;y0_n=1'b1;
```

```
        end
     endcase
  end
endmodule
```

casex 与 casez 是 case 语句的变体。使用 casez 语句时，如果条件表达式取值的某一位或某几位为 z，则这些为 z 的位可以忽略，认为是无关项，只需要关注其他位的取值。使用 casex 语句时，如果条件表达式取值的某一位或某几位为 x 或 z，则这些位可以忽略，只需要关注其他位的取值。可以用"?"表示 z 或 x。

例如：

```
casez (sel)
3'b00x: y=8'b11111110;   //如果 sel 等于 00x、00z，则执行该语句
casex (sel)
3'b00x: y=8'b11111110;   //如果 sel 等于 000、001、00x、00z，则执行该语句
casex (sel)
3'b00?: y=8'b11111110;   //如果 sel 等于 000、001、00x、00z，则执行该语句
```

4）for 循环语句

循环语句用来控制语句的执行次数，Verilog HDL 中有 4 种循环语句：for、repeat、while、forever。下面重点介绍常用的 for 语句。

for 语句的语法格式如下：

```
for (循环变量初值;循环结束条件;循环变量变化步长)
```

【例 1.26】 利用 for 语句实现 8 位左移移位寄存器。

```
module left_shift
            (input wire clk,
             input wire rst_n,
             input wire din,
             output reg[7:0] dout);
  integer i;                          //定义循环变量
  always @ (posedge clk, negedge rst_n)
    begin
      if (!rst_n)
         dout<=8'b00000000;
      else
         begin
           dout[0]<=din;
           for (i=0;i<7;i=i+1)                //for 循环控制
               dout[i+1]<=dout[i];
           end
    end
endmodule
```

5. 编译语句

编译语句以"`"开始。Verilog HDL 中常用的编译语句如下：

- `define、`undef；
- `ifdef…`else…`endif；

- `include；
- `timescale。

1）宏替换`define 语句

`define 语句的功能是文本替换，如果用一个指定的标识符来代表一个表达式或一个字符串，一旦`define 指令被编译，那么这条语句在整个编译过程中便都有效，除非遇到`undef 语句。`undef 语句用于取消前面`define 语句所做的定义。

【例 1.27】 `define 与`undef 语句应用举例。

```
`define BYTE  8              //用 BYTE 代表数值 8
  ...
wire[BYTE-1: 0]  a;          //定义 8 位的 wire 变量 a
  ...
`undef  BYTE                 //取消 BYTE 定义，即 BYTE 不再代表数值 8
```

2）条件编译语句`ifdef…`else…`endif

条件编译语句的功能类似于 if…else 语句。

【例 1.28】 `ifdef…`else…`endif 语句应用举例。

```
`ifdef SIZE
    parameter BYTE=8
`else
    parameter BYTE=12
`endif
```

如果定义了 SIZE，则定义参数 BYTE 等于 8；否则，定义参数 BYTE 等于 12。

3）`include 语句

`include 语句用于调用内嵌文件的内容。内嵌文件一般也是 Verilog HDL 文件。在层次化设计中，高层次的模块可以使用该语句调用低层次的模块。在验证时，可以在测试文件中使用`include 语句调用被验证模块。

【例 1.29】 `include 语句应用举例。

```
`include  "../../adder.v"
//双引号内的内容为内嵌文件的路径和文件名，编译时，这一行用内嵌文件内容代替
module tb_adder;
  ...
endmodule
```

4）`timescale 语句

`timescale 语句用来指定延时的单位和精度，其格式如下：

```
`timescale 时间单位/时间精度
```

Verilog HDL 中的时间单位有：fs（10^{-15} s）、ps（10^{-12} s）、ns（10^{-9} s）、us（10^{-6} s）、ms（10^{-3} s）、s。

【例 1.30】 `timescale 语句应用举例。

```
`timescale 1ns/100ps        //表示时间单位为 1ns，时间精度为 100ps
```

注意：数值与单位之间不能有空格。

1.4　Verilog HDL 描述方式

从逻辑功能的抽象层次角度考虑,Verilog HDL 在对硬件进行描述时,主要有 4 种描述方式:

- 行为描述;
- 数据流描述;
- 结构描述;
- 混合描述。

下面以数据选择器为例,介绍行为描述、数据流描述和结构描述 3 种不同的描述方式的特点。

1. 行为描述

行为描述是指从电路的外部行为角度进行功能描述的方法。其目标不是对电路的具体硬件结构进行说明,而是为了综合及仿真。

【例 1.31】　数据选择器的行为描述(图 1.12)。

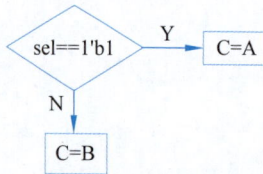

图 1.12　数据选择器的行为流程图

```
module data_sel (input wire A,B,
                 input wire sel,
                 output reg C);
    always@(A,B,sel)
        begin
          if (sel==1'b1)
              C=A;
          else
              C=B;
        end
endmodule
```

2. 数据流描述

数据流描述一般利用 HDL 中的赋值符号和逻辑运算符进行描述。用数据流方式设计电路与用传统的逻辑表达式设计电路很相似,它们的差别在于描述逻辑运算的逻辑运算符和赋值符号不同。数据流描述既包含逻辑单元的结构信息,又隐含地表示某种行为,这种方式主要采用非结构化的并行语句进行描述。

数据流描述也称为寄存器传输级(Register Transfer Level,RTL)描述,以类似于寄存器传输级的方式描述数据的传输和变换,是对信号传输的数据流路径的描述,因此很容易进行逻辑综合。由于要对信号流过的路径进行描述,因此要求设计者对逻辑功能的实现和硬件电路有清楚的了解。

【例 1.32】 数据选择器的数据流描述。

数据选择器的逻辑表达式为：$C = A \cdot sel + B \cdot \overline{sel}$。

```
module data_sel (input wire A,B,
                 input wire sel,
                 output reg C);
    always@(A,B,sel)
        begin
          C=(A&sel)|(B&(~sel));
        end
endmodule
```

3. 结构描述

结构描述方式是指根据设计的电路结构,通过调用库中的元件或已经设计好的模块完成设计需求的功能描述。一般把已经设计好且被其他设计调用的模块称为元件。在结构化描述方式中,需要描述元件和元件之间的连接关系,被调用的元件需要预先定义。

结构描述方式比较适合大规模设计中的层次化设计。把一个复杂的设计划分为若干独立的子模块,这些子模块同样可以继续划分,这可以看作 TOP DOWN 的设计方法。

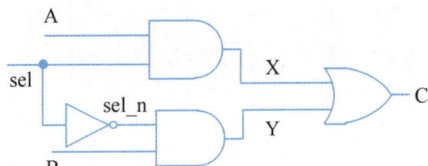

图 1.13 数据选择器的电路结构图

【例 1.33】 数据选择器的结构描述(图 1.13)。

```
module data_sel (input wire A,B,
                 input wire sel,
                 output wire C);
  wire X,Y,sel_n;
    not u1 (sel_n,sel);
    and u2 (X,A,sel);
    and u3 (Y,B,sel_n);
    or  u4 (C,X,Y);
endmodule
```

4. 混合描述

混合描述是指采用以上 3 种描述方式中的两种或两种以上的描述方式。

1.5 组合逻辑电路设计

1. 基本逻辑门电路设计

1) 与门

(1) 1 位二输入与门。

```
module and_op (input a,b,
               output c);
    assign c=a & b;
endmodule
```

（2）N 位二输入与门。

● parameter 参数定义：

```
module and_op  # (parameter N=8)
                (input[N-1:0] a,b,
                output [N-1:0] c);
    assign c=a & b;
endmodule
```

● `define 参数定义：

```
`define N 8
module and_op  (input['N-1:0] a,b,
                output['N-1:0] c);
    assign c=a & b;
endmodule
```

2）其他基本逻辑门

在实现其他基本逻辑门电路时，Verilog HDL 提供了相应的按位逻辑运算符，比较常用的如表 1.10 所示。

表 1.10　常用的 Verilog HDL 按位逻辑运算符

逻　辑　门	按位逻辑运算符	逻　辑　门	按位逻辑运算符
与门	&	或非门	~|
或门	|	异或门	^
非门	~	同或门	~^、^~
与非门	~&		

2. 编码器

（1）普通 4-2 线编码器的真值表如表 1.11 所示。

表 1.11　4-2 线编码器真值表

输　入　信　号				输　出　信　号	
I3	I2	I1	I0	Y1	Y0
0	0	0	1	0	0
0	0	1	0	0	1
0	1	0	0	1	0
1	0	0	0	1	1

```
module encode4_2 (input wire I0,
                input wire I1,
                input wire I2,
                input wire I3,
                output wire Y0,
                output wire Y1);
```

```
assign Y0=((~I0) & I1 & (~I2) & (~I3))|((~I0) & (~I1) & (~I2) & I3);
assign Y1=((~I0) & (~I1) & I2 & (~I3))|((~I0) & (~I1) & (~I2) & I3);
endmodule
```

(2) 4-2 线优先编码器的真值表如表 1.12 所示。

表 1.12　4-2 线优先编码器真值表

输　入　信　号				输　出　信　号	
I3	I2	I1	I0	Y1	Y0
0	0	0	1	0	0
0	0	1	×	0	1
0	1	×	×	1	0
1	×	×	×	1	1

```
module encode4_2_p (input wire I0,
                    input wire I1,
                    input wire I2,
                    input wire I3,
                    output reg Y0,
                    output reg Y1);
  always @ *
    begin
      if (I3==1'b1)
        begin
          Y1=1'b1;
          Y0=1'b1;
        end
      else if (I2==1'b1)
        begin
          Y1=1'b1;
          Y0=1'b0;
        end
      else if (I1==1'b1)
        begin
          Y1=1'b0;
          Y0=1'b1;
        end
      else if (I0==1'b1)
        begin
          Y1=1'b0;
          Y0=1'b0;
        end
      else
        begin
          Y1=1'bz;
          Y0=1'bz;
        end
    end
endmodule
```

3. 3-8 译码器

3-8 译码器的真值表如表 1.13 所示。

表 1.13　3-8 译码器真值表

输入信号			输出信号							
din(2)	din(1)	din(0)	y_n(7)	y_n(6)	y_n(5)	y_n(4)	y_n(3)	y_n(2)	y_n(1)	y_n(0)
0	0	0	1	1	1	1	1	1	1	0
0	0	1	1	1	1	1	1	1	0	1
0	1	0	1	1	1	1	1	0	1	1
0	1	1	1	1	1	1	0	1	1	1
1	0	0	1	1	1	0	1	1	1	1
1	0	1	1	1	0	1	1	1	1	1
1	1	0	1	0	1	1	1	1	1	1
1	1	1	0	1	1	1	1	1	1	1

```
module decode38
    (input wire[2:0] din,
     output reg[7:0] y_n);
  always @(din)
    begin
      case (din)
        3'b000: y_n=8'b11111110;
        3'b001: y_n=8'b11111101;
        3'b010: y_n=8'b11111011;
        3'b011: y_n=8'b11110111;
        3'b100: y_n=8'b11101111;
        3'b101: y_n=8'b11011111;
        3'b110: y_n=8'b10111111;
        3'b111: y_n=8'b01111111;
        default:y_n=8'b11111111;
      endcase
    end
endmodule
```

4. 数据选择器

（1）4 选 1 数据选择器的真值表如表 1.14 所示。

表 1.14　4 选 1 数据选择器真值表

输入信号							输出信号
en_n	I3	I2	I1	I0	s(1)	s(0)	Y
1	×	×	×	×	×	×	0
0	×	×	×	0	0	0	0
0	×	×	×	1	0	0	1

输 入 信 号							输 出 信 号
en_n	I3	I2	I1	I0	s(1)	s(0)	Y
0	×	×	0	×	0	1	0
0	×	×	1	×	0	1	1
0	×	0	×	×	1	0	0
0	×	1	×	×	1	0	1
0	0	×	×	×	1	1	0
0	1	×	×	×	1	1	1

```
module data_sel (input wire en_n,
                 input wire s0,
                 input wire s1,
                 input wire I0,I1,I2,I3,
                 output reg Y);
  always @ *
    begin
      if (en_n)
        Y=1'b0;
      else
        begin
          case ({s1,s0})
            2'b00: Y=I0;
            2'b01: Y=I1;
            2'b10: Y=I2;
            2'b11: Y=I3;
            default: Y=1'b0;
          endcase
        end
    end
endmodule
```

（2）8选1数据选择器74151的真值表如表1.15所示。

表 1.15　74151数据选择器真值表

输 入 信 号											输 出 信 号	
e_n	D7	D6	D5	D4	D3	D2	D1	D0	s2	s1	s0	Y	Y_n
1	×	×	×	×	×	×	×	×	×	×	×	0	1
0	×	×	×	×	×	×	×	0	0	0	0	0	1
0	×	×	×	×	×	×	×	1	0	0	0	1	0
0	×	×	×	×	×	×	0	×	0	0	1	0	1
0	×	×	×	×	×	×	1	×	0	0	1	1	0
0	×	×	×	×	×	0	×	×	0	1	0	0	1

续表

输 入 信 号												输 出 信 号	
e_n	D7	D6	D5	D4	D3	D2	D1	D0	s2	s1	s0	Y	Y_n
0	×	×	×	×	×	1	×	×	0	1	0	1	0
0	×	×	×	×	0	×	×	×	0	1	1	0	1
0	×	×	×	×	1	×	×	×	0	1	1	1	0
0	×	×	×	0	×	×	×	×	1	0	0	0	1
0	×	×	×	1	×	×	×	×	1	0	0	1	0
0	×	×	0	×	×	×	×	×	1	0	1	0	1
0	×	×	1	×	×	×	×	×	1	0	1	1	0
0	×	0	×	×	×	×	×	×	1	1	0	0	1
0	×	1	×	×	×	×	×	×	1	1	0	1	0
0	0	×	×	×	×	×	×	×	1	1	1	0	1
0	1	×	×	×	×	×	×	×	1	1	1	1	0

```
module data_sel (input wire en_n,
                 input wire s0,s1,s2,
                 input wire D0,D1,D2,D3,D4,D5,D6,D7,
                 output reg Y,Y_n);
  always @ *
    begin
      if (en_n)
        Y=1'b0;
      else
        begin
          case ({s2,s1,s0})
            3'b000: Y=D0;
            3'b001: Y=D1;
            3'b010: Y=D2;
            3'b011: Y=D3;
            3'b100: Y=D4;
            3'b101: Y=D5;
            3'b110: Y=D6;
            3'b111: Y=D7;
            default: Y=1'b0;
          endcase
        end
    end
  always @  *
    Y_n=~Y;
endmodule
```

5. 数值比较器

（1）N 位无符号数值比较器的功能表如表 1.16 所示。

表 1.16　N 位无符号数比较器功能表

输 入 信 号		输 出 信 号		
a	b	gt	lt	eq
a＞b		1	0	0
a＜b		0	1	0
a==b		0	0	1

```
`define N 8
module comp (input wire['N-1:0] a,b,
          output reg gt,lt,eq);
  always @ *
    begin
      if (a>b)
        begin
          gt=1'b1;
          lt=1'b0;
          eq=1'b0;
        end
      else if (a<b)
        begin
          gt=1'b0;
          lt=1'b1;
          eq=1'b0;
        end
      else
        begin
          gt=1'b0;
          lt=1'b0;
          eq=1'b1;
        end
    end
endmodule
```

（2）N 位有符号数值比较器的功能表如表 1.17 所示。

表 1.17　N 位有符号数比较器功能表

输 入 信 号				输 出 信 号		
a[N−1]	b[N−1]	a[N−2:0]	b[N−2:0]	gt	lt	eq
a[N−1]＜b[N−1]		×		1	0	0
a[N−1]＞b[N−1]		×		0	1	0
a[N−1]==b[N−1]		a[N−2:0]＞b[N−2:0]		1	0	0
		a[N−2:0]＜b[N−2:0]		0	1	0
		a[N−2:0]==b[N−2:0]		0	0	1

```verilog
`define N 8
module comp (input wire['N-1:0] a,b,
             output reg gt,lt,eq);
  always @ *
    begin
      if (a['N-1]<b['N-1])
        begin
          gt=1'b1;
          lt=1'b0;
          eq=1'b0;
        end
      else if (a['N-1]>b['N-1])
        begin
          gt=1'b0;
          lt=1'b1;
          eq=1'b0;
        end
      else if (a['N-2:0]>b['N-2:0])
        begin
          gt=1'b1;
          lt=1'b0;
          eq=1'b0;
        end
      else if (a['N-2:0]<b['N-2:0])
        begin
          gt=1'b0;
          lt=1'b1;
          eq=1'b0;
        end
      else
        begin
          gt=1'b0;
          lt=1'b0;
          eq=1'b1;
        end
    end
endmodule
```

6. 算术运算单元

（1）1 位半加器的电路图可参考图 1.8。

```verilog
module half_adder  (input  wire  a,
                    input  wire  b,
                    output wire  s,
                    output wire  c);
  always @ (a,b)
    begin
      s=a ^ b;
      c=a & b;
    end
endmodule
```

（2）由两个 1 位半加器实现 1 位全加器，如图 1.14 所示。

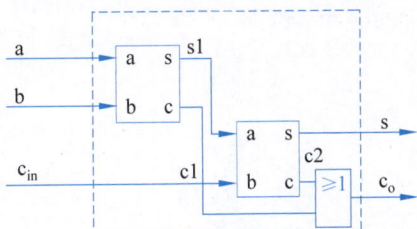

图 1.14　由两个 1 位半加器构成 1 位全加器的电路结构图

```
module full_adder (input wire a,
                   input wire b,
                   input wire cin,
                   output wire s,
                   output wire co);
  wire s1,c1,c2;
  half_adder u1 (a,b,s1,c1);
  half_adder u2 (s1,cin,s,c2);
  assign co=c2|c1;
endmodule
```

1.6　时序逻辑电路设计

1. 时钟边沿的描述

Verilog HDL 的时序逻辑电路是以 always 过程块的形式进行描述的。

1）上升沿时序逻辑电路

```
always @(posedge clk)
    begin
  ...
    end
```

2）下降沿时序逻辑电路

```
always @(negedge clk)
    begin
  ...
    end
```

2. 复位方式

1）同步复位（低电平复位）

```
always @ (posedge clk)
    begin
    if (!rst_n)
       ...
    else
       ...
    end
```

2）异步复位（低电平复位）

```
always @(posedge clk, negedge rst_n)
    begin
      if (!rst_n)
      …
      else
      …
    end
```

注意：同步复位与异步复位的区别在于 always @后面的括号内是否包含复位信号。

3. D 触发器

D 触发器的特性表如表 1.18 所示。

表 1.18　D 触发器的特性表

CP	Q^n	D	Q^{n+1}
⎍	0	0	0
⎍	0	1	1
⎍	1	0	0
⎍	1	1	1

1）异步复位 D 触发器

```
module D_ff (input wire rst_n,
             input wire clk,
             input wire D,
             output reg Q,
             output reg Q_n);
always @(posedge clk, negedge rst_n)
  begin
    if (!rst_n)
      Q<=1'b0;
    else
      Q<=D;
    end

  always @ *
    Q_n=~Q;

endmodule
```

2）同步复位 D 触发器

```
module D_ff (input wire rst_n,
             input wire clk,
             input wire D,
             output reg Q,
             output reg Q_n);
  always @(posedge clk)
```

```
   begin
     if (!rst_n)
       Q<=1'b0;
     else
       Q<=D;
     end

  always @ *
    Q_n=~Q;

endmodule
```

4. JK 触发器

JK 触发器的特性表如表 1.19 所示。

表 1.19　JK 触发器的特性表

CP	Q^n	J	K	Q^{n+1}
⎍	0	0	0	0
⎍	0	0	1	0
⎍	0	1	0	1
⎍	0	1	1	1
⎍	1	0	0	1
⎍	1	0	1	0
⎍	1	1	0	1
⎍	1	1	1	0

```
module JK_ff (input wire rst_n,
              input wire clk,
              input wire J,K,
              output reg Q,
              output reg Q_n);
  always @(posedge clk,negedge rst_n)
    begin
      if (!rst_n)
        Q<=1'b0;
      else if((J==1'b0) && (K==1'b0))
        Q<=Q;
      else if((J==1'b0) && (K==1'b1))
        Q<=1'b0;
      else if((J==1'b1) && (K==1'b0))
        Q<=1'b1;
      else if((J==1'b1) && (K==1'b1))
        Q<=~Q;
      else
```

```
        Q<=1'bx;
    end

  always @ *
    Q_n=~Q;
endmodule
```

5. T 触发器

T 触发器的特性表如表 1.20 所示。

表 1.20　T 触发器的特性表

CP	Q^n	T	Q^{n+1}
⊓	0	0	0
⊓	0	1	1
⊓	1	0	1
⊓	1	1	0

```
module T_ff (input wire rst_n,
             input wire clk,
             input wire T,
             output reg Q,
             output reg Q_n);
  always @ (posedge clk,negedge rst_n)
    begin
      if (!rst_n)
        Q<=1'b0;
      else if(T==1'b0)
        Q<=Q;
      else if(T==1'b1)
        Q<=~Q;
      else
        Q<=1'bx;
      end

  always @ *
    Q_n=~Q;
endmodule
```

6. T' 触发器

T' 触发器的特性表如表 1.21 所示。

表 1.21　T' 触发器的特性表

CP	Q^n	Q^{n+1}
⊓	0	1
⊓	1	0

```
module TT_ff (input wire rst_n,
              input wire clk,
              output reg Q,
              output reg Q_n);
   always @ (posedge clk, negedge rst_n)
     begin
       if (!rst_n)
         Q<=1'b0;
       else
         Q<=~Q;
     end

   always @ *
     Q_n=~Q;
endmodule
```

7. 移位寄存器

（1）8 位左移移位寄存器，如图 1.15 所示。

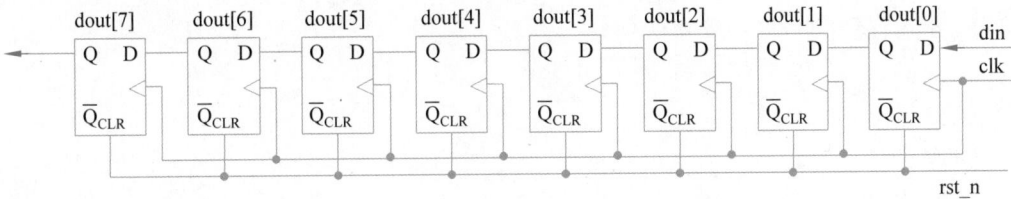

图 1.15 8 位左移移位寄存器电路结构图

```
module left_shift
          (input wire clk,          //时钟信号
           input wire rst_n,        //复位信号
           input wire din,          //串行输入数据
           output reg[7:0] dout);   //并行输出数据
   integer i;
   always @ (posedge clk, negedge rst_n)
     begin
       if (!rst_n)
         dout<=8'b00000000;
       else
         begin
           dout[0]<=din;
           for (i=0; i<7; i=i+1)
             dout[i+1]<=dout[i];
         end
     end
endmodule
```

（2）8 位右移移位寄存器，如图 1.16 所示。

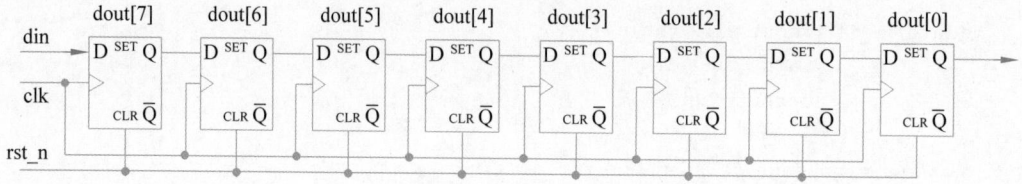

图 1.16 8 位右移移位寄存器电路结构图

```verilog
module right_shift
              (input wire clk,        //时钟信号
               input wire rst_n,      //复位信号
               input wire din,        //串行输入信号
               output reg[7:0] dout);  //并行输出信号
   integer i;
   always @(posedge clk, negedge rst_n)
     begin
       if (!rst_n)
         dout<=8'b00000000;
       else
         begin
           dout[7]<=din;
           for (i=0;i<7;i=i+1)
             dout[i]<=dout[i+1];
         end
     end
endmodule
```

（3）8 位双向移位寄存器。

```verilog
module bi_direction_shift
              (input wire clk,        //时钟信号
               input wire rst_n,      //复位信号
               input wire r_l,        //移位方向控制信号
               input wire din,        //串行输入信号
               output reg[7:0] dout);  //并行输出信号
   integer i;
   always @(posedge clk, negedge rst_n)
     begin
       if (!rst_n)
         dout<=8'b00000000;
       else
         begin
           if (r_l)
             begin
               dout[7]<=din;
               for (i=0;i<7;i=i+1)
                 dout[i]<=dout[i+1];
             end
           else
             begin
               dout[0]<=din;
```

```
            for (i=0;i<7;i=i+1)
              dout[i+1]<=dout[i];
            end
          end
      end
endmodule
```

8. 计数器

（1）4 位同步计数器，其时序图如图 1.17 所示。

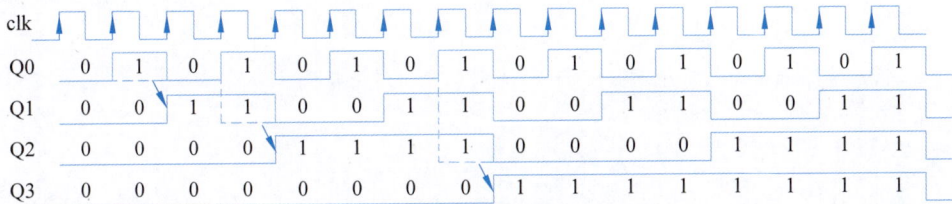

图 1.17　4 位同步计数器时序图

```
module counter (input wire rst_n,            //复位信号
                input wire clk,              //时钟信号
                input wire ce,               //计数使能信号
                output reg Q0,Q1,Q2,Q3);     //计数输出信号
  reg en1,en2,en3;
  always @ (posedge clk)
    begin
      if (!rst_n)
        begin
          Q0<=1'b0;
          Q1<=1'b0;
          Q2<=1'b0;
          Q3<=1'b0;
        end
      else
        begin
          Q0<=Q0 ^ ce;
          Q1<=(Q0 & ce) ^ Q1;
          Q2<=(Q0 & Q1 & ce) ^ Q2;
          Q3<=(Q0 & Q1 & Q2 & ce) ^Q3;
        end
    end
endmodule
```

（2）4 位异步计数器，其时序图如图 1.18 所示。

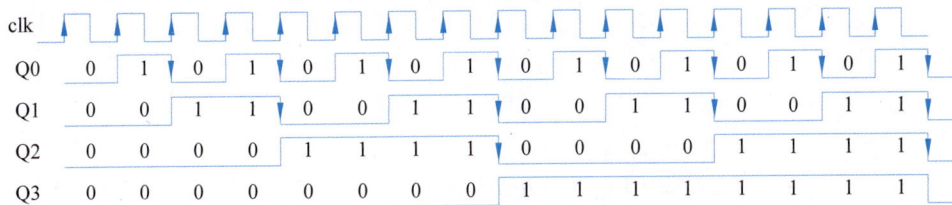

图 1.18　4 位异步计数器时序图

```verilog
module counter (input wire rst_n,              //复位信号
                input wire clk,                //时钟信号
                output reg Q0,Q1,Q2,Q3);       //计数输出信号
  reg en1,en2,en3;
  always @ (negedge clk,negedge rst_n)
    begin
      if (!rst_n)
        Q0<=1'b0;
      else
        Q0<=~Q0;
    end
  always @ (negedge Q0,negedge rst_n)          //Q0下降沿
    begin
      if (!rst_n)
        Q1<=1'b0;
      else
        Q1<=~Q1;
    end
  always @ (negedge Q1,negedge rst_n)          //Q1下降沿
    begin
      if (!rst_n)
        Q2<=1'b0;
      else
        Q2<=~Q2;
    end
  always @ (negedge Q2,negedge rst_n)          //Q2下降沿
    begin
      if (!rst_n)
        Q3<=1'b0;
      else
        Q3<=~Q3;
    end
endmodule
```

（3）异步复位十进制计数器，其流程图如图1.19所示。

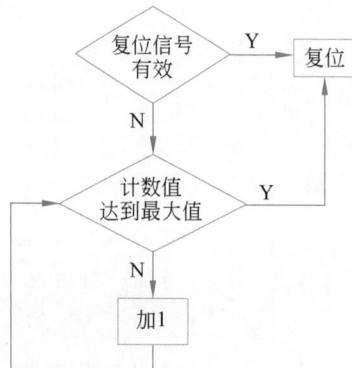

图 1.19　异步复位十进制计数器流程图

```
module (input wire rst_n,           //复位信号
        input wire clk,             //时钟信号
        output reg[3:0] cnt);       //输出计数值
  always @ (posedge clk or negedge rst_n)
    begin
      if (!rst_n)
        cnt<=4'b0000;
      else
        begin
          if (cnt==4'b1001)
            cnt<=4'b0000;           //反馈清零
          else
            cnt<=cnt+1;             //正常计数
        end
    end
endmodule
```

9. 存储器

图 1.20(a)给出了存储器的接口信息,如表 1.22 所示。图 1.20(b)给出了存储器的存储结构,W 代表字长,L 代表字数,地址位数 n 与字数的关系为 $2^n \geqslant L$。

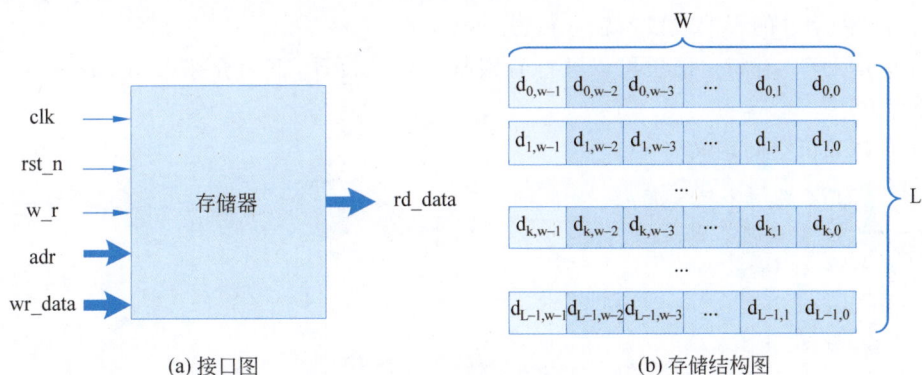

(a) 接口图　　　　　　　(b) 存储结构图

图 1.20　存储器接口及存储结构

表 1.22　存储器接口信息

名　称	功　能	方　向	名　称	功　能	方　向
clk	时钟	输入	adr	访问地址	输入
rst_n	复位	输入	wr_data	写入数据	输入
w_r	读写选择	输入	rd_data	读出数据	输出

```
module ram32_8 (input wire clk,             //时钟信号
                input wire rst_n,           //复位信号
                input w_r,                  //读写选择信号
                input wire[4:0] adr,        //访问地址信号
                input wire[7:0] wr_data,    //写入数据
                output reg[7:0] rd_data);   //读出数据
  reg[7:0] mem[31:0];                       //存储器定义,字数=32,字长=8
```

```
always @ (posedge clk, negedge rst_n)
  begin
    if (!rst_n)
      rd_data<=8'b000000000;
    else
    begin
      if (w_r)
        mem[adr]<=wr_data;        //写数据
      else
        rd_data<=mem[adr];        //读数据
      end
    end
endmodule
```

10. 有限状态机

时序电路是状态依赖的,所以又称之为状态机。由有限数量的存储单元构成的状态机,其状态的数量也是有限的,称之为有限状态机(Finite State Machine,FSM)。

有限状态机根据输出信号是否受输入信号的影响可以分为两大类: mealy 型和 moor 型。其中,前者输出信号受输入信号影响;而后者输出信号只取决于各触发器的状态,不受电路当前输入信号的影响或没有输入信号。

Verilog HDL 有特定语法可以进行有限状态机的设计,下面介绍采用 parameter 的状态机设计方法。

1）状态取值空间定义

```
//状态取值定义,N个状态
parameter s0=n'b..00;
parameter s1=n'b..01;
parameter s2=n'b..10;
parameter s3=n'b..11;
...
parameter sN_1=n'b...;
```

2）状态变量定义

```
//状态变量定义
reg[n-1:0] state,next_state;
```

状态取值空间中状态的个数 N 和状态变量的位数 n 满足条件 $2^n \geq N$,例如:

```
N=4 时,n=2;
N=6 时,n=3;
```

3）三段式状态机的描述方法

除了需要状态取值空间定义和状态变量定义外,三段式状态机还需要 3 个 always 过程块:状态刷新、状态转换、状态输出。

下面以 4 分频电路的状态机设计为例,介绍三段式状态机的详细设计方法(图 1.21),结果如图 1.22 所示。

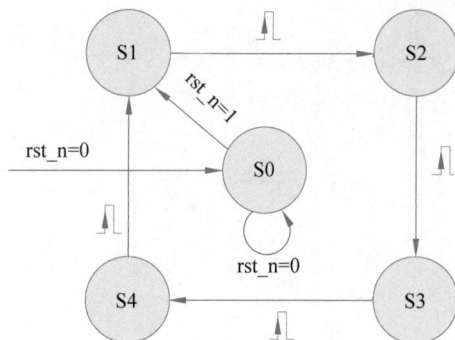

图 1.21 状态转换图

```
module fre_div (input rst_n,              //复位信号
                input clk,                //时钟信号
                output reg clk_o);        //输出分频信号

//定义状态取值空间
  parameter s0=3'b000;
  parameter s1=3'b001;
  parameter s2=3'b010;
  parameter s3=3'b011;
  parameter s4=3'b100;

//定义状态变量
  reg [2:0] state,next_state;

//过程块 1: 状态刷新
  always@ (negedge rst_n or posedge clk)
    begin
      if (!rst_n)
        state<=s0;
      else
        state<=next_state;
      end

//过程块 2: 状态转换
  always@ (state,rst_n)
    begin
      case (state)
        s0:
          begin
            if (!rst_n)
              next_state<=s0;
            else
              next_state<=s1;
          end
        s1:next_state<=s2;
        s2:next_state<=s3;
        s3:next_state<=s4;
```

```
        s4:next_state<=s1;
        default: next_state<=s0;
      endcase
    end

//过程块 3：状态输出
  always@(state)
    begin
      case (state)
        s0:clk_o<=1'b0;
        s1:clk_o<=1'b0;
        s2:clk_o<=1'b0;
        s3:clk_o<=1'b1;
        s4:clk_o<=1'b1;
        default: clk_o<=1'b0;
      endcase
    end
endmodule
```

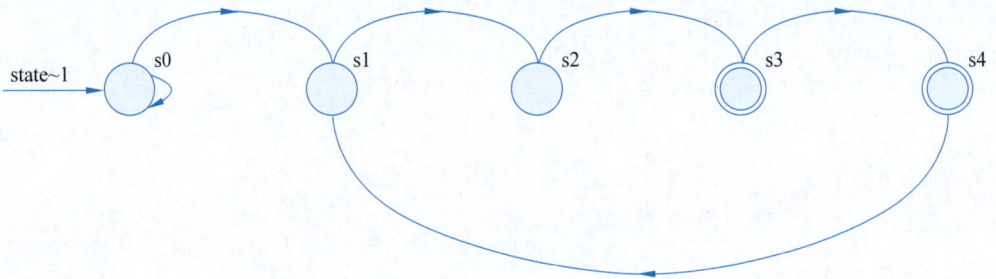

图 1.22   代码综合得到状态转换图

习题

一、填空题

1. Verilog HDL 描述模块时，以关键词_____开始，以关键词_____结束。

2. Verilog HDL 三种类型端口的关键词分别为_____、_____、_____。其中，输入端口的关键词是_____；输出端口的关键词是_____；输入/输出端口的关键词是_____。

3. Verilog HDL 模块中声明一个端口时，一般需要说明_____、_____、_____、_____ 4 个要素。

4. Verilog HDL 模块的端口列表中，多个端口声明之间用_____隔开。

5. Verilog HDL 的数据类型可以分为_____和_____两大类。常用的两种数据类型为_____和_____。当数据类型缺省时，默认的数据类型是_____。

6. 从变量赋值方法的角度考虑，Verilog HDL 逻辑功能的描述方式主要有_____、_____、_____ 3 种。这 3 种描述方式之间的执行关系是_____的。（并行执行/顺序执行）

7. Verilog HDL 实现对变量的赋值方式有_____、_____、_____ 3 种。

8. 对于常用的 wire 和 reg 数据类型，assgin 赋值语句中被赋值的变量的数据类型为_____，always 过程赋值语句中被赋值的变量的数据类型为_____。

9. Verilog HDL 可以调用的元件类型有_____、_____、_____、_____。

10. Verilog HDL 的合法标识符有_____、_____、_____、_____ 4 类。其中，_____、_____可以作为标识符的开头。

11. Verilog HDL 中的整数常量有_____、_____两种书写格式。

12. Verilog HDL 的整数常量的基数格式中，代表 4 种进制的字母分别为_____、_____、_____、_____。

13. Verilog HDL 的过程块语句有_____和_____两种类型。其中，不能被综合的是_____。

14. Verilog HDL 的逻辑功能并行描述语句主要包括_____、_____、_____、_____等。

15. Verilog HDL 的逻辑功能顺序描述语句主要包括_____、_____、_____、_____等。

16. always 引导的过程具有_____、_____两种状态。

17. always 引导的过程块执行的条件是_____。

18. always 敏感信号列表中的信号有_____、_____两类。

19. 元件例化时，端口映射有_____和_____两种模式。

20. Verilog HDL 中有_____和_____两种过程赋值语句。

21. 从逻辑功能的抽象层次角度考虑，Verilog HDL 在对硬件进行描述时，主要有_____、_____、_____、_____ 4 种描述方式。

22. 数字系统的复位方式有_____和_____两种模式。Verilog HDL 描述这两种复位方式的区别是_____。

23. Verilog HDL 中，描述信号上升沿的关键词是_____，描述信号下降沿的关键词是_____。

二、简答题

1. Verilog HDL 是否区分大小写？例外情况有哪些？

2. 简述阻塞赋值语句和非阻塞赋值语句的区别。

三、编程题

1. 用 Verilog HDL 逻辑运算符实现 1 位全加器。

2. 用 Verilog HDL 基本逻辑门实现 1 位全加器。

3. 用按位逻辑运算实现 T 触发器。

4. 用 Verilog HDL 实现异步复位的十进制减计数器。

5. 用 Verilog HDL 实现六分频电路，要求占空比为 50%。

6. 用 Verilog HDL 实现六十进制的 8421BCD 码计数器。

第 2 章
CHAPTER 2

Verilog HDL 逻辑设计知识要点

本章将在第 1 章的基础上介绍 Verilog HDL 逻辑设计中需要重点掌握和注意的知识要点,主要内容包括:

- 二进制数据问题;
- 并发赋值语句的多驱动问题;
- 逻辑综合;
- generate 结构;
- 组合逻辑电路设计要点;
- 时序逻辑电路设计要点。

其中,前 4 个内容是对第 1 章内容的补充,后 2 个内容是对第 1 章内容的总结与凝练。

2.1　二进制数据问题

1. 逻辑电平取值范围

为了实现数字逻辑电路状态的表示,Verilog HDL 定义了 4 种逻辑电平,如表 2.1 所示。

表 2.1　Verilog HDL 的 4 种逻辑电平

取　　值	代 表 状 态	取　　值	代 表 状 态
0	低电平	x(X)	不确定状态
1	高电平	z(Z)	高阻态

0 和 1 是数字逻辑电路中最基本的逻辑状态,通常情况下用 0 代表低电平,用 1 代表高电平。

x(X)代表不确定状态,一般出现在仿真环境中。例如,复位之前的触发器的状态一般都是 x,在实际的电路中,不确定状态是不允许出现的。如果在仿真结果中出现了 x,就需要分析是否存在问题。Verilog HDL 代码中,如果某个变量可以取 0 或 1 的任意一个值,则可以给该变量赋值为 x,EDA 综合工具可以根据优化算法自动取值,从而实现电路的优化。例如,优先级编码器中的低优先级位的取值可以赋值为 x。

z(Z)代表高阻态,一般用在总线场合中。

注意：x(X)在正常工作的逻辑电路中是不允许存在的。

2. 二进制数的表示方法

二进制数 0 和 1 是数字电路的两种逻辑电平的数字表达。数字逻辑电路中的数据均可以表示为二进制数 0 和 1 的组合。因此，二进制数制格式是数字逻辑电路中数据存储、处理、通信的基本格式，为了能够准确地描述数字电路中的数据，Verilog HDL 定义了二进制数制的相关语法。

Verilog HDL 中，二进制数一般采用基数格式，即

[位宽]'基数　数值

其中，位宽代表二进制数据的位数，为可选项。若缺省，则二进制数据的位宽与后面数值的位宽一致。对于二进制，基数为 b 或 B。例如：

```
4'b1001                 //4位二进制数据,数值为 1001
6'b010011               //6位二进制数据,数值为 010011
'b010011                //位宽缺省,位宽由数值 010011 确定,位宽为 6
```

为了方便代码编写，可以使用下画线对二进制数据进行分组，例如：

```
8'b1010_0011            //8位二进制数据,数值为 10100011,使用下画线将 8 位数据分为 2 组
```

3. 二进制变量的数据类型

二进制变量是指取值为二进制数据的变量，变量的取值以二进制形式表示。Verilog HDL 中可以定义具有不同位宽的二进制变量。定义二进制变量的语法格式为：

数据类型 [位宽] 变量名称列表；

(1) 数据类型指定二进制变量的数据类型，其中 reg 和 wire 这两种数据类型最为常用。

(2) 位宽定义了变量的位数，分为增区间[lsb:msb]和减区间[msb:lsb]两种表示方法。msb 定义了最高取值范围，lsb 定义了最低取值范围。根据二进制数据的书写格式，权值自左向右逐位减小，因此在表示二进制数据时一般采用降区间。如果没有指定位宽，则认为所定义的变量位宽为 1。

(3) 变量名称列表包含所有定义的二进制变量的名称。

例如：

```
reg [7:0] a,b;          //定义了名称为 a、b,位宽为 8 的两个 reg 型二进制变量
wire c,s;               //定义了名称为 c、s,位宽为 1 的两个 wire 型二进制变量
```

4. 二进制数据区间的选取

二进制数据可以按位进行操作，也可以选取变量的某个区间进行操作。

例如：

```
reg [7:0] a;
reg [3:0] b,c;
assign b=a[7:4];        //等价于: b[3]=a[7], b[2]=a[6], b[1]=a[5], b[0]=a[4]
assign c=a[3:0];        //等价于: c[3]=a[3], c[2]=a[2], c[1]=a[1], c[0]=a[0]
assign c[7]=1'b0;       //单独选择 c[7]进行赋值
```

5. 二进制数据维度扩展

二进制数据可以看作位矢量或一维数组，若定义二维数组，则可以采用如下格式：

数据类型［行位宽］变量名称［列位宽］；

物理意义：

（1）可以将其看作行数等于列位宽、列数等于行位宽的矩阵；

（2）可以将其看作字数等于列位宽、字长等于行位宽的存储器，存储容量等于字数×字长。

例如：

reg［7:0］mem［511:0］;　　　//定义了 512 行×8 列的矩阵
//或字数等于 512、字长等于 8 的存储器

6. 符号数与无符号数

Verilog HDL 中的符号数采用二进制补码编码格式，最高位为符号位，最高位为 1 时代表负数，最高位为 0 时代表非负数。

n 位符号数 $b_{n-1}b_{n-2}\cdots b_1b_0$ 的数值计算公式如式（2.1）所示。

$$\sum_{i=0}^{n-1} b_i \times 2^i \tag{2.1}$$

n 位有符号数 $b_{n-1}b_{n-2}\cdots b_1b_0$ 的数值计算公式如式（2.2）所示。

$$(-1)^{b_{n-1}} \times b_{n-1} \times 2^{n-1} + \sum_{i=0}^{n-2} b_i \times 2^i \tag{2.2}$$

表 2.2 给出了 $n=4$ 时，即 4 位二进制数分别为无符号数和有符号数代表的十进制数值。

表 2.2　4 位二进制数对应的无符号和有符号数值

二进制数据	无符号数	有符号数	二进制数据	无符号数	有符号数
0000	0	0	1000	8	−8
0001	1	1	1001	9	−7
0010	2	2	1010	10	−6
0011	3	3	1011	11	−5
0100	4	4	1100	12	−4
0101	5	5	1101	13	−3
0110	6	6	1110	14	−2
0111	7	7	1111	15	−1

采用二进制补码的好处是可以用加法器实现减法运算，图 2.1 是采用加法器实现减法运算的原理图。图 2.1 中，op 代表运算，op 等于 0 时代表加法运算，op 等于 1 时代表减法运算。op 同时作为两个数据选择器的选择信号，当 op 为 0 时，加法器执行的运算表达式为 D1+D2+0；当 op 为 1 时，加法器执行的运算表达式为 D1+（−D2）+1。

假设 D1=5、D2=2，当 op=1 做减法时，正确结果应该为 3。用二进制补码进行验证，5 的二进制补码为 0101，2 的二进制补码为 0010。因为做减法，需要对 2 进行按位取反，按位取反的结果为 1101。为了防止结果溢出，加法器的计算结果扩展为 5 位。此时加法器的 3

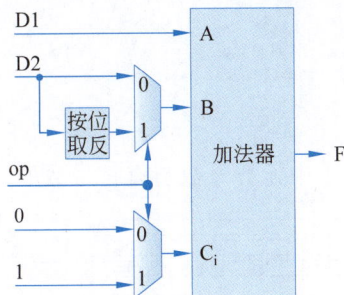

图 2.1　采用加法器实现减法运算的原理图

个输入分别为 $A=00101, B=11101, C_i=00001$，运算表达式为 $00101+11101+00001=00011$，结果正确。表 2.3 给出了其他 4 组 4 位二进制补码数据根据图 2.1 的计算结果。

表 2.3　二进制补码数据采用加法器计算的结果示例

op	D1	D2	A	B	C_i	F	十进制表示
1	0101	0011	00101	11100	00001	00010	$5-3=2$
1	0100	1101	00100	00010	00001	00111	$4-(-3)=7$
1	1100	0010	11100	11101	00001	11010	$-4-2=-6$
0	1100	0010	11100	00010	00000	11110	$-4+2=-2$

注意：二进制补码高位进行符号位扩展时数值不变，因此可以根据计算需要，在高位添加任意长度的符号位。

Verilog HDL 默认定义的二进制变量为无符号数，如果使用有符号数变量，则需要使用关键词 signed。有符号数二进制变量定义的语法格式为：

数据类型 signed[位宽] 变量名称列表;

例如：

reg signed [2:0] a;　　　　　//定义了类型为 reg、名称为 a、位宽为 3 的有符号数

此外，Verilog HDL 还提供了将无符号数强制转换为有符号数的语法：

$signed (无符号二进制数)

例如：

```
wire signed [2:0] x;        //定义了类型为 wire、名称为 x、位宽为 3 的有符号数
wire [2:0] y;               //定义了类型为 wire、名称为 y、位宽为 3 的无符号数
assign x=$signed(y);        //将无符号数 y 转换为有符号数并赋值给 x
```

【例 2.1】　有符号数与无符号数的加法运算。

```
module add_us_s (input[3:0]  A,B,
                 output reg[4:0] C,
                 output reg signed[4:0] D);
    always@(A,B)
      begin
```

```
                    C=A+B;
                    D=$signed(A)+$signed(B);
                end
        endmodule
```

图 2.2 和图 2.3 分别为例 2.1 中无符号数与有符号数的加法运算结果。

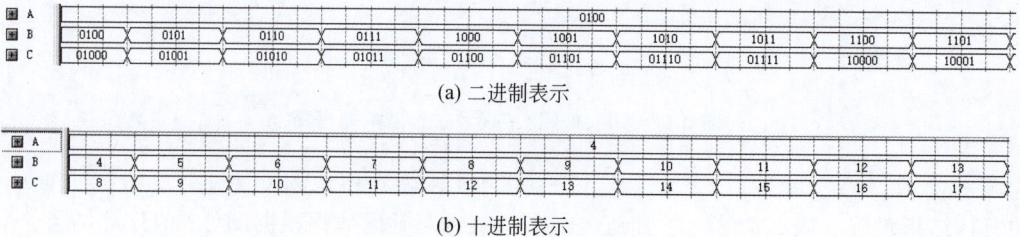

(a) 二进制表示

(b) 十进制表示

图 2.2　无符号数加法结果

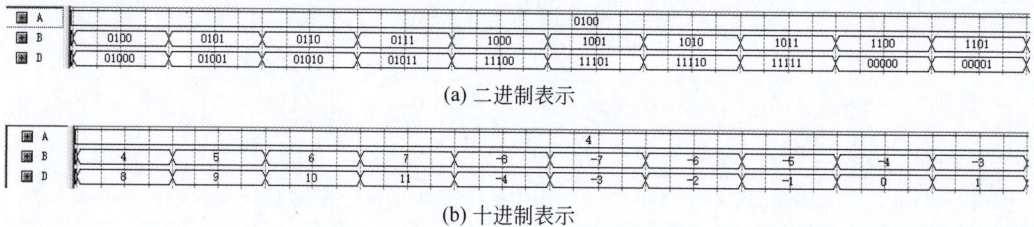

(a) 二进制表示

(b) 十进制表示

图 2.3　无符号数与有符号数加法结果对比

2.2　并发描述语句的多驱动问题

Verilog HDL 主要有 3 类并发描述语句：assign 语句、always 语句、元件例化语句。这 3 类语句具有并发执行的特点。由于并发描述语句描述了硬件的并发行为，因此 Verilog HDL 不允许在多个并发描述语句中对同一变量进行赋值，即一个变量只能在一个并发描述语句结构中进行赋值。

【例 2.2】　多驱动错误示例。

```
module p_test   (input wire   a,
                 input wire   b,
                 output wire c);
    assign c=a;
    assign c=b;
endmodule
```

例 2.2 中存在两条 assign 赋值语句对同一变量进行赋值的情况，这是不正确的。例如，当 a 取值 0、b 取值 1 时，若同时赋值给 c，则在硬件电路上相当于电源和地短路，这是绝对禁止发生的错误。

注意：assign 语句、always 语句、元件例化语句这 3 种并发描述语句都应该避免出现对同一变量的多驱动问题发生。

2.3　逻辑综合

1. 逻辑综合的基本概念

逻辑综合指使用 EDA 工具把设计输入自动转换成特定工艺下的网表的过程。网表是一种描述逻辑单元和它们之间互连的数据文件。图 2.4 给出了半加器逻辑综合的例子,通过逻辑综合功能,EDA 工具将 HDL 转换为门级网表,实现了从文本描述到逻辑电路的转换。

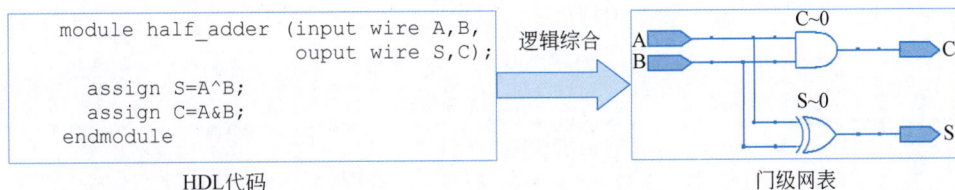

```
module half_adder (input wire A,B,
                   ouput wire S,C);

    assign S=A^B;
    assign C=A&B;
endmodule
```

HDL代码　　　　　逻辑综合　　　　　门级网表

图 2.4　逻辑综合示意图

逻辑综合一般分为 3 个步骤: 展平、优化、映射。

(1) 将 RTL 描述转换成未优化的门级布尔描述,即布尔逻辑表达式的形式,这个过程称为翻译或者展平。

(2) 执行优化算法,化简布尔方程,这个过程称为优化。

(3) 根据系统的实现方式,把优化的布尔描述实现在具体的半导体工艺(ASIC 实现方式)或 PLD 器件上,这个过程称为映射。

2. 不可综合问题

Verilog HDL 是一种硬件描述语言,支持对硬件的行为描述、数据流描述和结构描述。在行为描述方式中,重点考虑的问题是描述硬件的某些行为,而不关心这些行为的具体实现方式。因此,存在一些语法结构只支持硬件行为的描述,但 EDA 工具却无法将其转换为具体的逻辑网表,即无法进行逻辑综合。

无法进行逻辑综合的语句称为不可综合语句。因此,根据是否能够被 EDA 工具转换为对应的逻辑电路,可以将 Verilog HDL 的描述语句分为可综合描述语句和不可综合描述语句。

常用的不可综合语句主要有 initial、fork…join、♯延时等,主要用在 testbench 中,用于仿真验证。本书重点介绍可综合描述语句。不可综合语句和可综合语句都可以用于仿真功能的描述。

注意:

(1) 不可综合的语法结构可以进行仿真,综合和仿真是两个不同的概念。

(2) 不可综合语句常用在行为建模或 testbench 中。

【例 2.3】 不可综合语句举例。

图 2.5 给出了一个计数器功能验证的例子。为了验证计数器的功能是否正确,需要给设计的计数器(逻辑功能模块)提供复位信号和时钟信号。逻辑设计的主要目的是设计一个符合设计需求的计数器,而不是设计信号发生器(信号产生模块)。因此,无须关心信号发生

器是否可实现,可以使用不可综合的语法结构实现对信号发生器的行为描述。

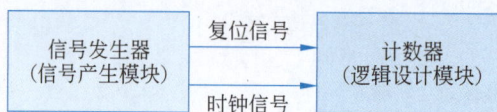

```
信号发生器          复位信号        计数器
(信号产生模块)                   (逻辑设计模块)
                   时钟信号
```

图 2.5　计数器功能验证模型

```
`timescale 1ns/1ps
module sig_gen;
  reg rst_n;                //复位信号
  reg clk;                  //时钟信号
  initial
    begin
      #0    rst_n=1'b0;     //复位信号初始化为 0
            clk=1'b0;       //时钟信号初始化为 0
      #100 rst_n=1'b1;      //100ns 时刻,复位信号赋值为 1
    end
  always
    begin
      #10 clk=~clk;         //产生周期为 20ns 的时钟信号
    end
endmodule
```

例 2.3 的 Verilog HDL 代码中使用的 initial 语句、延时符号"♯"都是不可综合的。该代码的功能只是描述了信号发生器的行为,而没有考虑信号发生器的逻辑功能是如何实现的。

图 2.6 给出了例 2.3 的 Verilog HDL 代码产生的复位信号和时钟信号的时序波形图,从图中可以发现,该段代码的行为是复位信号维持 100ns 的低电平以实现复位,时钟信号的周期为 20ns。

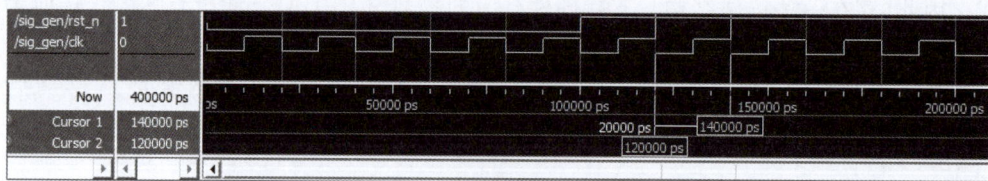

图 2.6　信号发生器的时序波形图(行为描述)

2.4　generate 结构

在第 1 章介绍并发描述语句时提及过 generate 语句,但是没有详细展开。虽然 generate 语句属于并发描述语句,但它与 assign 语句、always 语句、元件例化语句 3 种并发语句有所不同。generate 语句内部既可以使用 if、case、for 等顺序描述语句,又可以使用 assign、always、元件例化这 3 种并发描述语句。

generate 语句的功能是根据条件生成某种电路,主要有 generate for、generate if 和 generate case 3 类结构。

1. generate for 结构

当存在多个元件需要例化的情况时,一一例化每个元件不仅工作量大,而且容易出现错误。此时,可以结合 generate for 实现多个元件的例化。

generate for 结构的语法格式如下:

```
genvar i;              //定义循环变量
generate
for 循环变量控制
        begin: 块名
          元件例化语句;
        end
    endgenerate
```

从语法格式上可以发现,generate for 结构的特点如下:

(1) generate 语句内部既可以使用 for 顺序描述语句,也可以使用元件例化并发描述语句;

(2) 以 generate 关键词开始,以 endgenerate 关键词结束;

(3) 必须在 generate…endgenerate 外部用 genvar 关键字定义 for 语句的循环变量;

(4) for 语句的内部必须加 begin…end 块语句;

(5) for 语句中的 begin…end 块语句必须有块名。

【例 2.4】　用 generate for 语句实现 8 个 1 位 2 输入与门的例化。

```
module logic_gen_for (input wire[7:0] A,B,
                      output wire[7:0] C);

genvar i;                            //定义循环变量
  generate
        for(i=0;i<7;i=i+1)
          begin: and_8          //声明块名为 and_8
            and  U1 (C[i],A[i],B[i]);
          end
    endgenerate
endmodule
```

图 2.7 给出了例 2.4 代码的综合结果视图。视图中的 and_8[7:0] 即为代码中声明的块名。U1 为元件例化名,此处用块名 and_8[7]～and_8[0] 对不同的例化元件进行区分,因此代码中的块名必须定义。

2. generate if 结构

generate 语句可以结合 if 条件语句,根据条件生成不同的电路。

generate if 结构的格式如下:

```
generate
        if(条件)
          并发描述语句;
        else
          并发描述语句;
    endgenerate
```

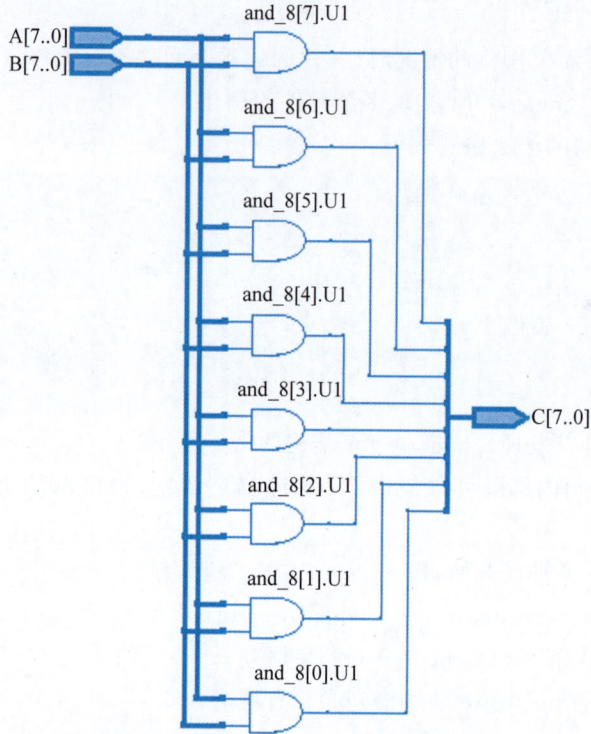

图 2.7 8 个 1 位 2 输入与门的例化电路图

注意：generate if 中的 if 语句格式可以为任意符合 Verilog HDL 语法格式的 if 语句，此处用双分支 if 作为示例。

generate if 结构的特点如下：

（1）并发语句可以是 assign、always 和元件例化语句中的任意一种；

（2）条件为定值时，代码才可以进行逻辑综合；

（3）该结构中，可以在不同的条件分支的并发语句中实现对同一变量的赋值，因为条件不同时为"真"，所以不会产生多驱动问题。

【例 2.5】 用 generate if 语句实现逻辑功能的条件生成。

```
module logic_gen_if (input wire[7:0] A, B,
                     output reg[7:0] C);

parameter op=1'b0;       //定义 if 条件中的参数取值,必须为常数才能被综合

   generate
         if(op==1'b1)
            always@ *
               begin
                C=A&B;
                end
         else
            always@ *
              begin
                C=A|B;
```

```
            end
        endgenerate
    endmodule
```

例 2-5 使用 generate if 结构根据 op 变量的取值,选择生成 8 位与逻辑运算电路或 8 位或逻辑运算电路,结果如图 2.8 所示。同时,注意到在两个 always 过程语句中对同一变量 C 进行了赋值,但由于 if 语句的两个分支互斥,所以不存在多驱动问题。

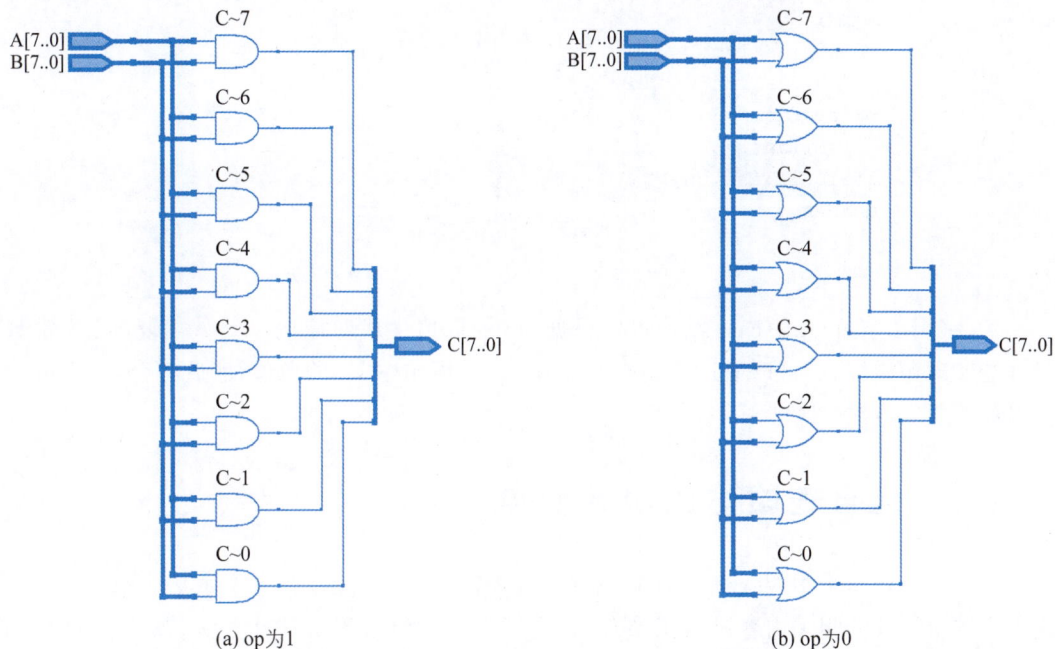

(a) op为1   (b) op为0

图 2.8 generate if 结构根据条件生成不同功能的逻辑电路

3. generate case 结构

与 generate if 结构类似,generate 语句也可以结合 case 条件语句,根据条件生成不同的电路。

generate case 结构的语法格式如下:

```
generate
        case(条件)
            条件取值 1:并发描述语句;
            条件取值 2:并发描述语句;
                ...
            条件取值 n:并发描述语句;
            default:   并发描述语句;
        endcase
endgenerate
```

generate case 结构的特点如下:

(1) 并发语句可以是 assign、always 和元件例化语句中的任意一种;

(2) 条件的取值为常数时才可以实现逻辑综合;

(3) 与 generate if 结构一样,该结构中,可以在不同的条件分支的并发语句中实现对同一变量的赋值,因为条件不同时为"真",所以不会产生多驱动问题。

【例 2.6】 用 generate case 语句实现逻辑功能的条件生成。

```
module logic_gen_case (input wire[7:0] A,B,
                       output wire[7:0] C);


  parameter sel=2'b11;            //需要为常数才可实现逻辑综合
  generate
        case(sel)
          2'b00:assign C=A&B;
          2'b01:assign C=A|B;
          2'b10:assign C=A^B;
          2'b11:assign C=A+B;
          default:assign C=0;
        endcase
    endgenerate
endmodule
```

例 2-6 中的 generate case 结构可以根据 sel 的取值生成对应的电路。需要 sel 为常数时才能实现逻辑综合,可以通过手动修改 parameter 语句中 sel 的取值,然后综合得到 sel 取值对应的逻辑电路。

2.5 组合逻辑电路设计要点

为了能够快速采用 Verilog HDL 实现组合逻辑功能的描述,本教材对 Verilog HDL 实现组合逻辑设计的相关内容进行了整理,提出了三角度组合逻辑设计方法。3 个角度分别为描述方式、描述方法和赋值方式。图 2.9 给出了本教材总结的组合逻辑电路设计的三角度架构图。三角度架构有助于 Verilog HDL 语法知识的条理化和灵活应用。

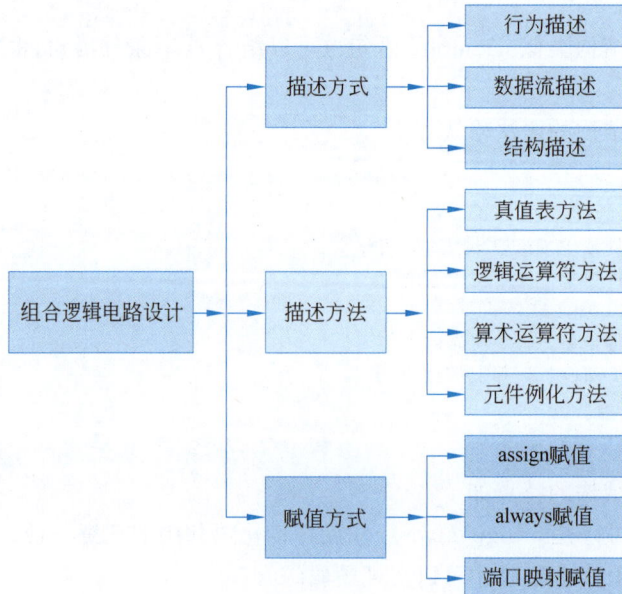

图 2.9 逻辑电路设计的三角度架构图

本教材选择简单的 1 位半加器作为设计案例,分别从 3 个不同的角度实现逻辑功能设计,介绍组合逻辑电路的设计方法和重要语法知识点。首先将 1 位半加器逻辑功能的抽象级别划分为 4 个层次,分别为逻辑行为级、真值表级、逻辑表达式级和内部电路结构级,如图 2.10 所示。

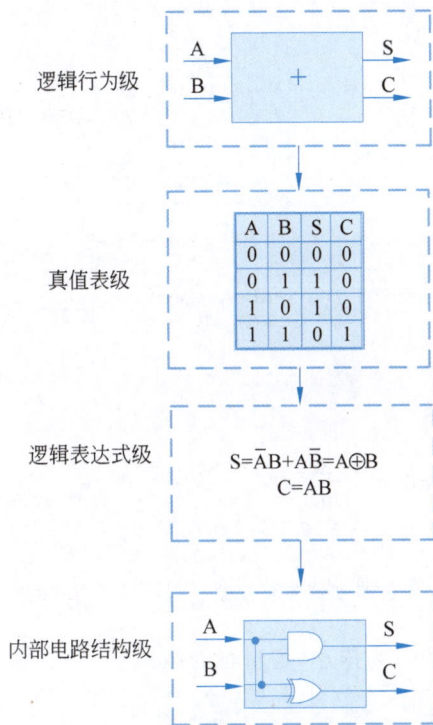

图 2.10　1 位半加器逻辑功能的 4 个抽象层次

2.5.1　描述方式角度

根据 1.4 节可知,Verilog HDL 主要有 3 类描述方式:行为描述、数据流描述和结构描述方式。

行为描述方式和数据流描述方式一般没有明显的界线,本教材以是否使用逻辑运算符作为行为描述方式和数据流描述方式的分界线。结构描述方式以专门的元件例化语法为基础,描述逻辑功能的内部结构。

图 2.11 给出了从描述方式角度出发,1 位半加器的 4 个逻辑抽象级别采用的描述方式。

1. 行为描述

行为描述是指从电路的外部行为角度进行功能描述的方法。目标不是对电路的具体硬件结构进行说明,而是更关注电路的对外行为。

(1)逻辑行为级。

1 位半加器的功能行为是实现 2 个 1 位二进制数据的加法运算。因此,加法可以看作半加器的行为,Verilog HDL 提供了加法算术运算符,支持加法运算的描述。因此,可以考虑使用加法运算符实现半加器行为的描述。

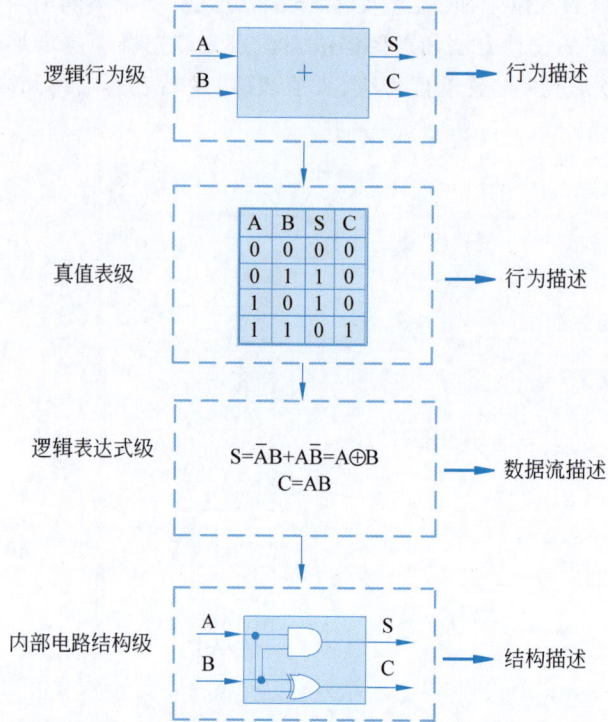

图 2.11　1 位半加器逻辑抽象级别与描述方式的对应关系

【例 2.7】　1 位半加器的行为描述（逻辑行为级）。

```
module half_adder (input wire A,B,
                   output wire S,C);
    assign {C,S}=A+B;
endmodule
```

（2）真值表级。

真值表是组合逻辑电路逻辑功能的一种表现形式，可以看作一种电路的行为方式。因此，描述真值表也就等价于描述电路的行为。

【例 2.8】　1 位半加器的行为描述（真值表级）。

```
module half_adder (input wire A,B,
                   output reg S,C);
    always@(A,B)
      begin
        case({A,B})
          2'b00:begin S<=1'b0;C<=1'b0;end
          2'b01:begin S<=1'b1;C<=1'b0;end
          2'b10:begin S<=1'b1;C<=1'b0;end
          2'b11:begin S<=1'b0;C<=1'b1;end
          default: begin S<=1'b0;C<=1'b0;end
        endcase
      end
endmodule
```

2. 数据流描述方式

数据流描述一般利用 HDL 中的赋值符号和逻辑运算符进行描述。根据图 2.11,可以将 1 位半加器的逻辑表达式使用数据流描述方式进行描述。

【例 2.9】　1 位半加器的数据流描述(逻辑表达式级)。

```
module half_adder (input wire A,B,
                   output wire S,C);
    assign S=A^B;
    assign C=A&B;
endmodule
```

3. 结构描述方式

图 2.11 中的 1 位半加器的内部电路结构主要包含 2 输入与门和 2 输入异或门两个门电路。可以将与门和异或门看作元件,使用元件例化语法进行结构描述。与门和异或门有两个来源:使用 Verilog HDL 内置门级元件;使用自定义门电路。

(1) 使用 Verilog HDL 内置门级元件。

【例 2.10】　1 位半加器的结构描述(内部电路结构级,使用内置门级元件)。

```
module half_adder (input wire A,B,
                   output wire S,C);
    and U1 (C,A,B);          //and 为 Verilog HDL 内置与门的元件名称
    xor U2 (S,A,B);          //xor 为 Verilog HDL 内置异或门的元件名称
endmodule
```

例 2.10 采用的端口映射方法为位置映射法。内置门级元件的端口顺序是输出在前、输入在后。若采用名称映射法,则需要知道内置门级元件的端口名称。

(2) 使用自定义门电路元件。

【例 2.11】　1 位半加器的结构描述(内部电路结构级,使用自定义门电路元件)。

```
//自定义 2 输入与门
module and_2 (input wire A,B,
              output wire C);
    assign C=A&B;
endmodule
//自定义 2 输入异或门
module xcor_2 (input wire A,B,
               output wire S);
    assign S=A^B;
endmodule
//调用自定义门电路完成 1 位半加器设计
module half_adder (input wire A,B,
                   output wire S,C);
    and_2 U1 (.C(C),
              .A(A),
              .B(B));
    xcor_2 U2 (.S(S),
               .A(A),
               .B(B));
endmodule
```

例 2.11 采用的端口映射方法为名称映射法,端口顺序可以任意调整。

2.5.2 描述方法角度

本教材中的描述方法即采用什么语法知识实现具体功能的描述。图 2.12 给出了从描述方法角度出发,1 位半加器的 4 个逻辑抽象级别采用的描述方法。

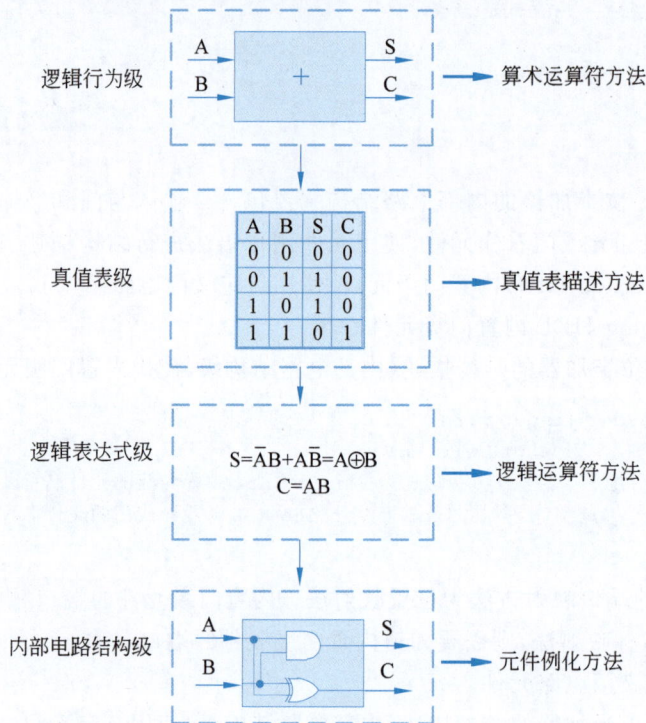

图 2.12 1 位半加器逻辑抽象级别与描述方法的对应关系

1. 算术运算符描述方法

1 位半加器的逻辑功能是实现加法运算,因此可采用 Verilog HDL 定义的加法算术运算符"＋"完成功能描述。

【例 2.12】 1 位半加器的算术运算符描述(逻辑行为级)。

```
module half_adder (input wire A,B,
                   output wire S,C);
    assign {C,S}=A+B;
endmodule
```

2. 真值表描述方法

真值表描述方法即使用 Verilog HDL 实现真值表的描述,一般采用 case 语句或 if 语句。

【例 2.13】 1 位半加器的真值表描述(真值表级)。

```
module half_adder (input wire A,B,
                   output reg S,C);
    always@(A,B)
```

```
        begin
          case({A,B})
            2'b00:begin S<=1'b0;C<=1'b0;end
            2'b01:begin S<=1'b1;C<=1'b0;end
            2'b10:begin S<=1'b1;C<=1'b0;end
            2'b11:begin S<=1'b0;C<=1'b1;end
            default: begin S<=1'b0;C<=1'b0;end
          endcase
        end
endmodule
```

3. 逻辑运算符描述方法

根据 1 位半加器的逻辑表达式,使用 Verilog HDL 定义的逻辑算术运算符"&""^"进行功能描述。

【例 2.14】 1 位半加器的逻辑运算符描述(逻辑表达式级)。

```
module half_adder (input wire A,B,
                   output wire S,C);
    assign S=A^B;
    assign C=A&B;
endmodule
```

4. 元件例化描述方法

根据图 2.12 中 1 位半加器的内部结构,使用 Verilog HDL 的元件例化语句进行描述。

【例 2.15】 1 位半加器的元件例化语句描述(内部电路结构级)。

```
module half_adder (input wire A,B,
                   output wire S,C);
    and U1 (C,A,B);
    xor U2 (S,A,B);
endmodule
```

2.5.3 赋值方式角度

Verilog HDL 有 3 种赋值方式,分别为 assign 持续赋值、always 过程赋值和元件端口映射赋值。图 2.13 给出了从赋值方式角度出发,1 位半加器的 4 个逻辑抽象级别采用的赋值方式。

1. assign 赋值方式

assign 赋值方式可以转换为 always 赋值方式,唯一的区别是 assign 的赋值对象的数据类型为 net 型(主要为 wire 类型),而 always 的赋值对象为 variable 型(主要为 reg 类型)。

由图 2.13 可知,assign 赋值方式可以在逻辑行为和逻辑表达式两个级别使用。

【例 2.16】 1 位半加器的 assign 赋值描述(逻辑行为级)。

```
module half_adder (input wire A,B,
                   output wire S,C);
    assign {C,S}=A+B;
endmodule
```

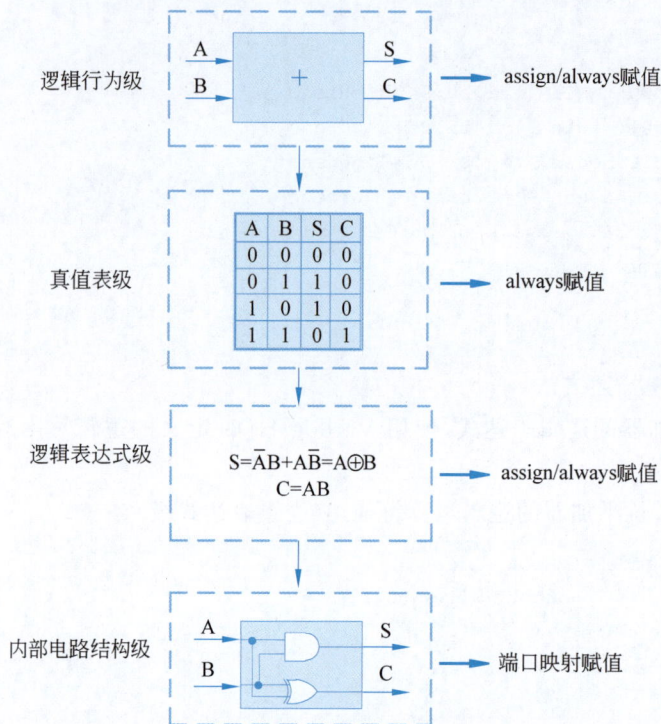

图 2.13　1 位半加器逻辑抽象级别与赋值方式的对应关系

【例 2.17】　1 位半加器的 assign 赋值描述（逻辑表达式级）。

```
module half_adder (input wire A,B,
                   output wire S,C);
    assign S=A^B;
    assign C=A&B;
endmodule
```

2. always 赋值方式

由图 2.13 可知，always 赋值方式可以在逻辑行为、真值表和逻辑表达式 3 个级别使用。

【例 2.18】　1 位半加器的 always 赋值描述（逻辑行为级）。

```
module half_adder (input wire A,B,
                   output reg S,C);
    always@(A,B)
        begin
            {C,S}=A+B;
        end
endmodule
```

【例 2.19】　1 位半加器的 always 赋值描述（真值表级）。

```
module half_adder (input wire A,B,
                   output reg S,C);
    always@(A,B)
      begin
        case({A,B})
```

```
            2'b00:begin S<=1'b0;C<=1'b0;end
            2'b01:begin S<=1'b1;C<=1'b0;end
            2'b10:begin S<=1'b1;C<=1'b0;end
            2'b11:begin S<=1'b0;C<=1'b1;end
            default: begin S<=1'b0;C<=1'b0;end
        endcase
    end
endmodule
```

【例 2.20】 1 位半加器的 always 赋值描述（逻辑表达式级）。

```
module half_adder (input wire A,B,
                   output reg S,C);
    always@(A,B)
        begin
            S=A^B;
            C=A&B;
        end
endmodule
```

3. 端口映射赋值方式

由图 2.13 可知，端口映射赋值方式可以在电路内部结构级使用。

【例 2.21】 1 位半加器的端口映射赋值描述（内部电路结构级）。

```
module half_adder (input reg A,B,
                   output reg S,C);
    and U1 (C,A,B);
    xor U2 (S,A,B);
endmodule
```

2.6 时序逻辑电路设计要点

时序逻辑电路由组合逻辑电路和存储电路组成。时序逻辑电路的状态与时间因素相关，即时序电路在任一时刻的状态不仅是当前输入信号的函数，而且是电路以前状态的函数，时序电路的输出信号由输入信号和电路的状态共同决定。

D 触发器是构成时序逻辑电路的基本功能单元，因此本教材选择 D 触发器作为设计案例，介绍时序逻辑电路的设计方法和重要语法知识点。图 2.14 给出了时序逻辑电路设计要点架构图，设计要点主要包括：时钟描述、复位方式、D 触发器变形、D 触发器扩展。

1. 时钟描述

时钟信号是时序逻辑电路工作的必备信号，一般使用时钟信号的边沿触发时序逻辑内部触发器进行动作。Verilog HDL 的时钟描述问题包括：时钟边沿的描述和时钟 always 过程块的描述。关于时钟边沿的描述的语法格式，1.6 节已经进行了介绍。

（1）时钟边沿。

① 时钟的边沿有两种：上升沿和下降沿。

② 上升沿的关键词是 posedge，下降沿的关键词是 negedge。

（2）时钟 always 过程块。

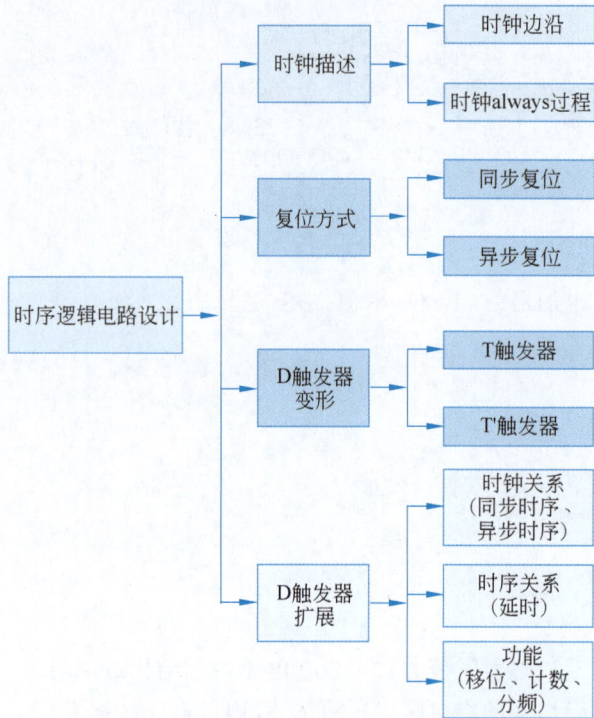

图 2.14　时序逻辑电路设计要点架构图

　　因为时钟描述语句的使用场合是 always 过程块，因此称之为时钟 always 过程块。always 过程块有两种状态：执行和挂起。当"@"后面括号内的敏感信号列表中的信号发生改变时，过程块执行。如果敏感信号列表中的信号不发生变化，则过程块挂起。

　　敏感信号列表中的信号有两类：电平敏感信号和边沿敏感信号。时钟信号是典型的边沿敏感信号。因此，时钟边沿的描述一般出现在 always 过程块的敏感信号列表中。

　　根据 always 过程块的执行原理，当时钟边沿动作时，always 过程块被执行，相当于时钟边沿控制 always 过程块中的逻辑功能。

　　由表 2.4 可以得到 D 触发器的逻辑行为：在时钟上升沿将 D 赋值给 Q。为了实现该逻辑行为，用 Verilog HDL 代码描述时，需要综合考虑时钟边沿的描述格式及 always 过程块的执行原理：①以时钟上升沿作为 always 过程块的敏感信号，实现过程块的控制；②将赋值语句放在过程块中。这样就可以保证每当时钟上升沿到来时，过程块中的赋值语句就会被执行一次，即在每个时钟上升沿完成一次赋值操作。时钟 always 过程块实现 D 触发器功能的机理如图 2.15 所示。

表 2.4　D 触发器特性表

clk	Q^N	D	Q^{N+1}
⌐⌐	0	0	0
⌐⌐	0	1	1
⌐⌐	1	0	0
⌐⌐	1	1	1

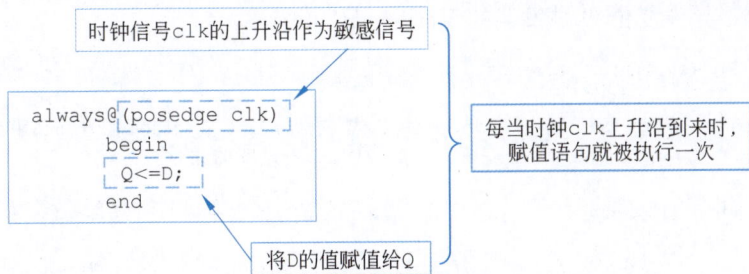

图 2.15 时钟 always 过程块实现 D 触发器功能的机理

【例 2.22】 D 触发器的 Verilog HDL 描述。

```
module D_FF (input wire clk,D,
             output reg Q);
    always@ (posedge clk)        //时钟信号 clk 的上升沿,在 always 敏感信号列表中
       begin
          Q<=D;                  //在 clk 的上升沿,将 D 的值赋值给 Q
       end
endmodule
```

2. 复位方式

时序逻辑电路的复位方式有两种,同步复位和异步复位。同步复位需要时钟边沿参与,复位操作是在满足复位条件且在时钟边沿的控制下完成的。异步复位无须时钟信号参与,复位操作仅由复位信号控制。

(1) 异步复位。

表 2.5 为异步复位 D 触发器的特性表,图 2.16 分析了时钟 always 过程块实现异步复位 D 触发器功能的机理。

表 2.5　异步复位 D 触发器特性表

rst_n	clk	Q^N	D	Q^{N+1}	rst_n	clk	Q^N	D	Q^{N+1}
0	×	×	×	0	1	⌐⌐	1	0	0
1	⌐⌐	0	0	0	1	⌐⌐	1	1	1
1	⌐⌐	0	1	1					

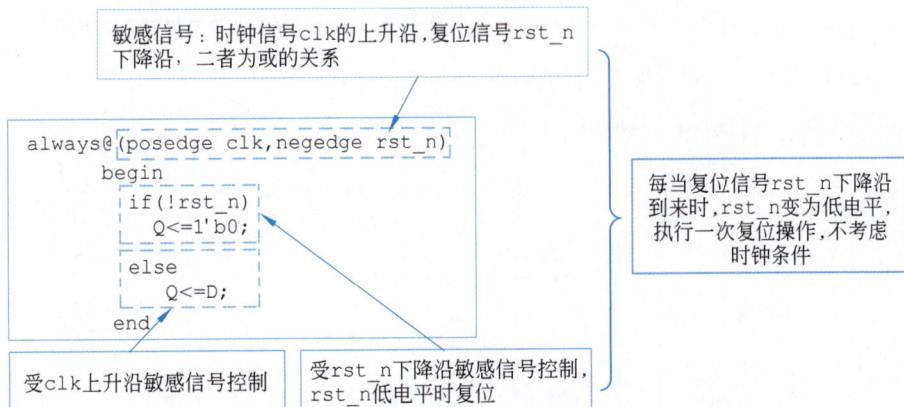

图 2.16　时钟 always 过程块实现异步复位 D 触发器功能的机理

【例 2.23】 异步复位 D 触发器的 Verilog HDL 描述。

```
module D_FF_asy (input wire rst_n,clk,D,
                 output reg Q);
   always@ (negedge rst_n,posedge clk)//复位信号 rst_n 和时钟信号都在敏感信号列表
                                      //中,二者是或的关系
      begin
        if (!rst_n)                   //rst_n 为低电平时执行复位操作,不考虑时钟信号
            Q<=1'b0;
        else                          //clk 时钟上升沿且 rst_n 为高电平
            Q<=D;
      end
endmodule
```

（2）同步复位。

表 2.6 为同步复位 D 触发器的特性表,图 2.17 分析了时钟 always 过程块实现异步复位 D 触发器功能的机理。

表 2.6　同步复位 D 触发器特性表

rst_n	clk	Q^N	D	Q^{N+1}	rst_n	clk	Q^N	D	Q^{N+1}
0	⌐	×	×	0	1	⌐	1	0	0
1	⌐	0	0	0	1	⌐	1	1	1
1	⌐	0	1	1					

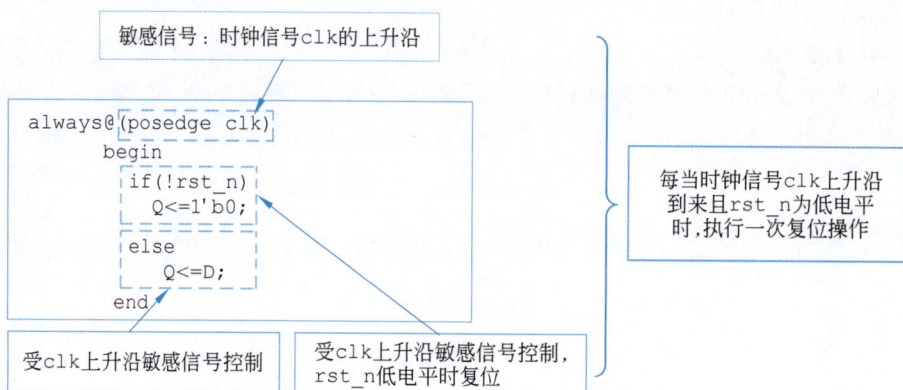

图 2.17　时钟 **always** 过程块实现同步复位 D 触发器功能的机理

【例 2.24】 同步复位 D 触发器的 Verilog HDL 描述。

```
module D_FF_sy (input wire rst_n,clk,D,
               output reg Q);
   always@ (posedge clk)        //敏感信号只有 clk 上升沿
                                //即整个 always 过程块只受 clk 上升沿控制
      begin
        if (!rst_n)             //clk 上升沿且 rst_n 低电平时复位
            Q<=1'b0;
        else                    //clk 上升沿且 rst_n 高电平时赋值
            Q<=D;
      end
endmodule
```

表 2.7 给出了同步复位和异步复位 D 触发器的对比,可以发现同步复位比异步复位多使用了一个逻辑门。

表 2.7 异步复位与同步复位 D 触发器对比

	异 步 复 位	同 步 复 位
敏感信号列表	always@(negedge rst_n,posedge clk)	always@(posedge clk)
rtl 视图		
Post-Mapping 视图		

3. D 触发器的变形

(1) T′触发器(输出反转)。

表 2.8 给出了异步复位 T′触发器的特性表,可以发现,在正常工作条件下,在每个时钟上升沿输出发生反转。always 过程块实现反转功能的机理分析如图 2.18 所示。

表 2.8 异步复位 T′触发器特性表

rst_n	clk	Q^N	Q^{N+1}
0	×	×	0
1	⌐	0	1
1	⌐	1	0

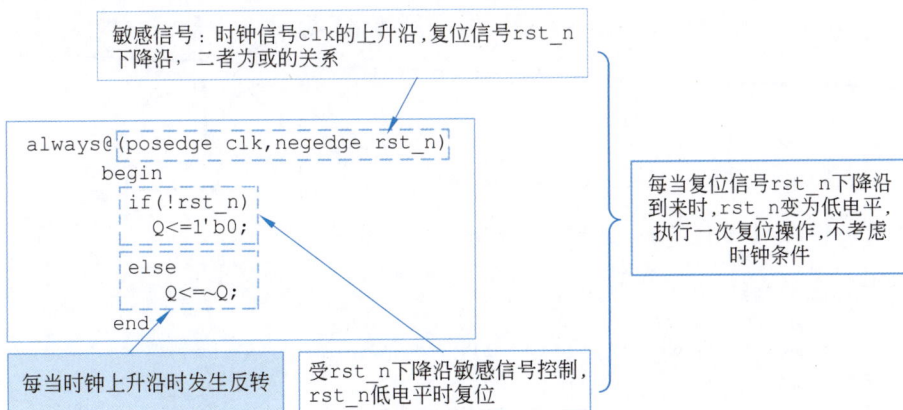

图 2.18 时钟 always 过程块实现异步复位 T′触发器功能的机理

【例 2.25】 异步复位 T′触发器的 Verilog HDL 描述。

```
module TT_FF (input wire rst_n,clk,
              output reg Q);
    always@ (negedge rst_n,posedge clk)
        begin
          if (!rst_n)
              Q<=1'b0;
          else
              Q<=~Q; //时钟上升沿时,反转
        end
endmodule
```

图 2.19 给出了 EDA 软件 Post-Mapping 的电路视图,可以发现 T′触发器的功能是通过 D 触发器的输出端接反相器(非门)反馈至输入端实现的。因此,T′触发器可以看作 D 触发器的一种变形。

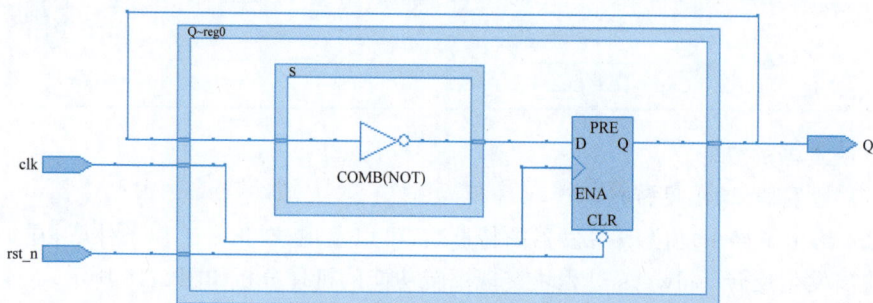

图 2.19 D 触发器加非门实现 T′触发器功能的电路图

(2) T 触发器(输出反转或保持)。

表 2.9 给出了异步复位 T 触发器的特性表,可以发现,在正常工作条件下,在每个时钟上升沿时,若 EN 为 1,则输出发生反转;若 EN 为 0,则输出保持不变。always 过程块实现 T 触发器功能的机理分析如图 2.20 所示。

表 2.9 异步复位 T 触发器特性表

rst_n	EN	clk	Q^N	Q^{N+1}	rst_n	EN	clk	Q^N	Q^{N+1}
0	×	×	×	0	1	0	⌐⌐	1	1
1	0	⌐⌐	0	0	1	1	⌐⌐	1	0
1	1	⌐⌐	0	1					

【例 2.26】 异步复位 T 触发器的 Verilog HDL 描述。

```
module T_FF (input wire rst_n,clk,EN,
             output reg Q);
    always@ (negedge rst_n,posedge clk)
        begin
          if (!rst_n)
              Q<=1'b0;
          else begin
```

```
            if (EN==1'b1)
                Q<=~Q;
            else
                Q<=Q;
            end
        end
endmodule
```

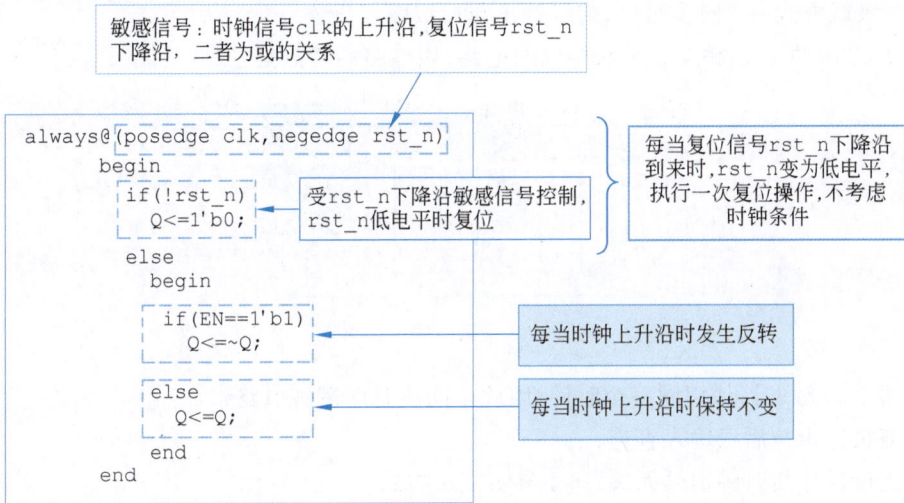

图 2.20 时钟 always 过程块实现异步复位 T 触发器功能的机理

图 2.21 给出了 EDA 软件 post-fitting 的电路视图,可以发现,T 触发器的功能是通过 D 触发器的输出端与使能端接异或门反馈至输入端实现的。因此,T 触发器可以看作 D 触发器的一种变形。

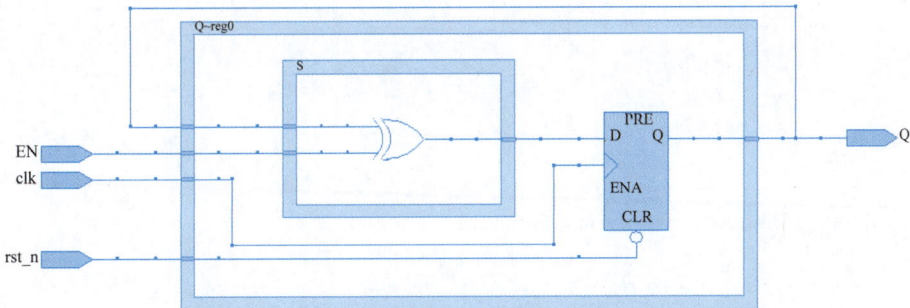

图 2.21 D 触发器加异或门实现 T 触发器功能的电路图

根据图 2.21,可以对例 2.26 进行修改,得到功能相同的代码。用异或操作代替 if 条件语句。例如:

```
module T_FF (input wire rst_n,clk,EN,
            output reg Q);
    always@(negedge rst_n,posedge clk)
        begin
```

```
        if (!rst_n)
            Q<=1'b0;
        else
            Q<=Q^EN;      //异或运算可以实现反转或保持,当EN==1时反转,当EN==0时保持
    end
endmodule
```

4. D 触发器级联扩展

(1) 级联方式一:同步时序,前级输出与后级输入直连。

图 2.22 为两个 D 触发器级联构成的电路,该电路的特点是:

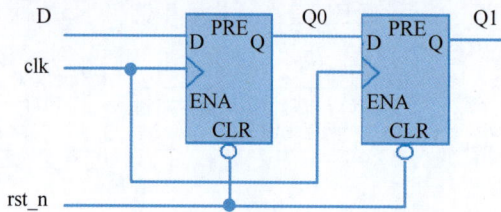

图 2.22 级联方式一电路图

- 两个 D 触发器使用同一个时钟,因此是同步时序逻辑电路;
- 前级输出与后级输入直连;
- 复位操作与时钟信号无关,属于异步复位方式;
- 整个电路系统有外部数据输入信号 D。

【例 2.27】 级联方式一电路的 Verilog HDL 描述。

```
module D_FF_ext (input wire rst_n,clk,D,
                output reg Q0,Q1);
    always@(negedge rst_n,posedge clk)
      begin
        if (!rst_n)
            Q0<=1'b0;
        else
            Q0<=D;
      end

    always@(negedge rst_n,posedge clk)
      begin
        if (!rst_n)
            Q1<=1'b0;
        else
            Q1<=Q0;         //前级输出作为后级的输入
      end
endmodule
```

图 2.23 为图 2.22 电路的时序波形图,可以看到,Q1 和 Q0 的逻辑取值相差一个时钟周期,因此可以将 Q1 看作 Q0 的移位信号。

(2) 级联方式二:同步时序,前级输出反相后连接后级输入,后级输出反馈至前级输入。

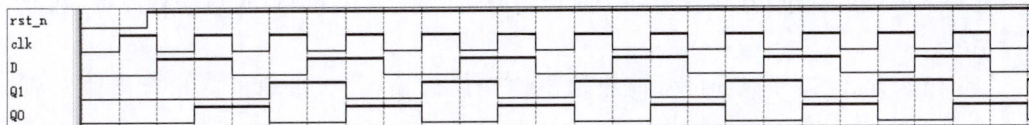

图 2.23 级联方式一电路的时序波形图

图 2.24 为两个 D 触发器与反相器组合级联构成的电路,该电路的特点是:

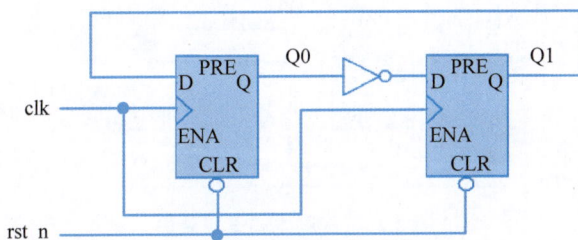

图 2.24 级联方式二电路图

- 两个 D 触发器使用同一个时钟,因此是同步时序逻辑电路;
- 前级输出反相后连接后级输入,后级输出反馈至前级输入;
- 复位操作与时钟信号无关,属于异步复位方式;
- 整个电路系统没有外部数据输入信号。

【例 2.28】 级联方式二电路的 Verilog HDL 描述。

```verilog
module D_FF_ext (input wire rst_n,clk,
                 output reg Q0,Q1);
    always@(negedge rst_n,posedge clk)
      begin
        if (!rst_n)
            Q0<=1'b0;
        else
            Q0<=Q1;          //后级输出作为前级的输入
      end

    always@(negedge rst_n,posedge clk)
      begin
        if (!rst_n)
            Q1<=1'b0;
        else
            Q1<=~Q0;          //前级的输出取反后作为后级的输入
      end
endmodule
```

图 2.25 为图 2.24 电路的时序波形图,Q1 和 Q0 的逻辑组合取值共有 4 个状态:10→
11→01→00,然后无限循环。因此,该电路的逻辑功能可以看作一个四进制计数器。

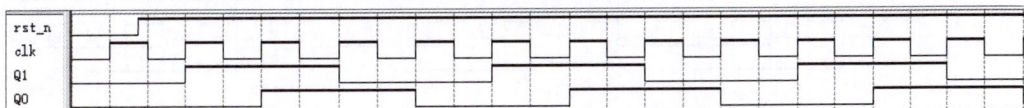

图 2.25 级联方式二电路的时序波形图

此外，Q0可以看作Q1的延时一个时钟周期的信号。Q1和Q0可以看作时钟 clk 的 4 分频信号。

（3）级联方式三：同步时序，前级输出连接后级输入，后级输出反相后反馈至前级输入。

图 2.26 为两个 D 触发器与反相器组合级联构成的电路，该电路的特点是：

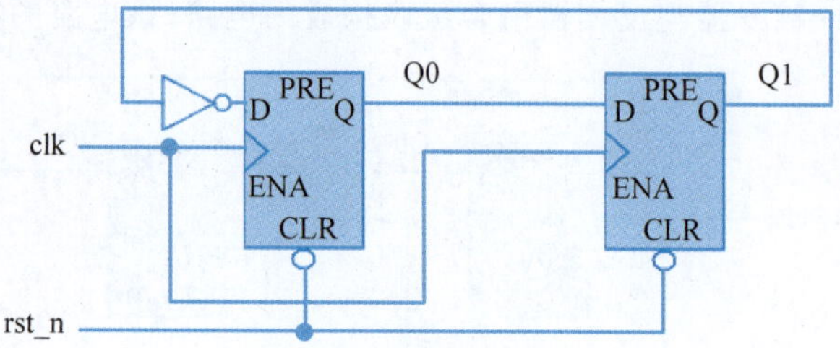

图 2.26　级联方式三电路图

- 两个 D 触发器使用同一个时钟，因此是同步时序逻辑电路；
- 前级输出作为后级的输入，后级输出反相后反馈至前级输入；
- 复位操作与时钟信号无关，属于异步复位方式；
- 整个电路系统没有外部数据输入信号。

【例 2.29】　级联方式三电路的 Verilog HDL 描述。

```
module D_FF_ext (input wire rst_n,clk,
                 output reg Q0,Q1);
    always@(negedge rst_n,posedge clk)
      begin
        if (!rst_n)
           Q0<=1'b0;
        else
           Q0<=~Q1;
      end

    always@(negedge rst_n,posedge clk)
      begin
        if (!rst_n)
           Q1<=1'b0;
        else
           Q1<=Q0;
      end
endmodule
```

图 2.27 为图 2.26 电路的时序波形图，Q1 和 Q0 的逻辑组合取值共有 4 个状态：01→11→10→00，然后无限循环。因此，该电路的逻辑功能可以看作一个四进制计数器。

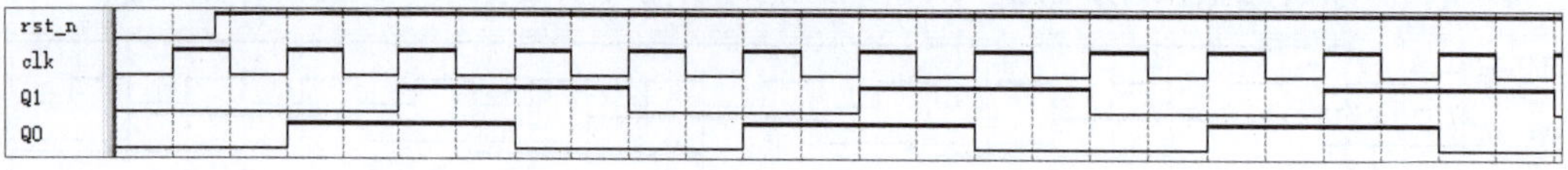

图 2.27　级联方式三电路的时序波形图

此外,Q1 可以看作 Q0 的延时一个时钟周期的信号。Q1 和 Q0 可以看作时钟 clk 的 4 分频信号。

(4) 级联方式四:同步时序,前级输出反相后连接后级输入,后级输出反相后反馈至前级输入。

图 2.28 为两个 D 触发器与反相器组合级联构成的电路,该电路的特点是:

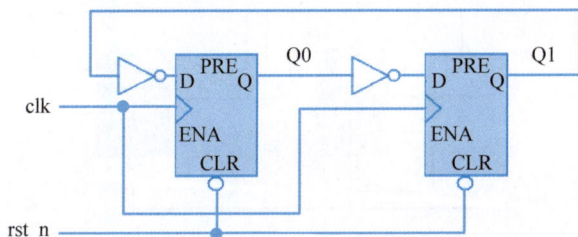

图 2.28 级联方式四电路图

- 两个 D 触发器使用同一个时钟,因此是同步时序逻辑电路;
- 前级输出反相后作为后级的输入,后级输出反相后反馈至前级输入;
- 复位操作与时钟信号无关,属于异步复位方式;
- 整个电路系统没有外部数据输入信号。

【例 2.30】 级联方式四电路的 Verilog HDL 描述。

```verilog
module D_FF_ext (input wire rst_n,clk,
                 output reg Q0,Q1);
    always@ (negedge rst_n,posedge clk)
      begin
        if (!rst_n)
           Q0<=1'b0;
        else
           Q0<=~Q0;
      end

    always@ (negedge rst_n,posedge clk)
      begin
        if (!rst_n)
           Q1<=1'b0;
        else
           Q1<=~Q1;
      end
endmodule
```

图 2.29 为图 2.28 电路的时序波形图,Q1 和 Q0 的逻辑组合取值共有 4 个状态:11→10→01→00,然后无限循环。因此,该电路的逻辑功能可以看作一个四进制递减计数器。

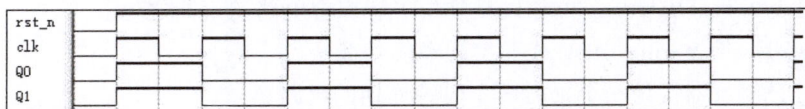

图 2.29 级联方式四电路的时序波形图

此外,Q0 可以看作时钟 clk 的二分频信号,Q1 可以看作时钟 clk 的 4 分频信号。

功能及时序关系分析:

图 2.29 为图 2.28 所示电路的时序波形图,Q1 与 Q0 的波形完全一致,因此该级联方式无实际应用意义。从仿真波形上可以判断,级联方式四的电路与图 2.30 所示的电路实现了相同的功能。

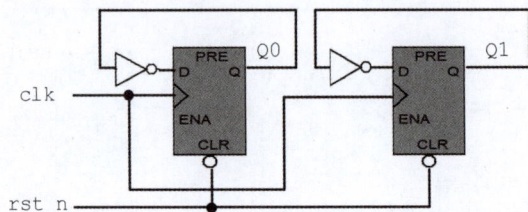

图 2.30 级联方式四电路的等价电路

习题

一、填空题

1. Verilog HDL 定义的 4 种逻辑电平及取值分别为 _____、_____、_____、_____。

2. Verilog HDL 的二进制数的基数格式中,位宽按高位至低位的顺序可以分为_____、_____两种表示方法。

3. Verilog HDL 中二进制数的位宽缺省时,表示位宽为_____。

4. Verilog HDL 中定义有符号数时,需要使用关键词_____。

5. Verilog HDL 的 generate 语句有_____、_____、_____三类。

6. Verilog HDL 中组合逻辑电路设计的描述方式有_____、_____、_____三种。

7. Verilog HDL 中组合逻辑电路设计的真值表描述方法一般使用_____语句或_____语句。

二、简述题

1. 什么是 Verilog HDL 的并发描述语句的多驱动问题?

2. 什么是逻辑综合?

3. 逻辑综合的 3 个步骤是什么?

4. 什么是不可综合语句? 不可综合语句的主要用途是什么?

5. D 触发器输入信号和输出信号的时序关系有什么特点?

6. Verilog HDL 描述异步复位和同步复位的区别是什么?

7. 根据表 2.7,分析异步复位和同步复位二者综合电路的不同之处。

三、编程题(用 Verilog HDL 代码实现逻辑功能)

1. 试用 D 触发器设计一个延时两个时钟周期的电路。

2. 试用 D 触发器配以必要的门电路以实现 JK 触发器的功能。

第3章 设计思维拓展案例

CHAPTER 3

本章在第 1 章和第 2 章的基础上,针对 6 个设计案例,将分别从不同的逻辑行为级别、描述方式等实现 Verilog HDL 对逻辑行为描述的"一题多解"。通过本章内容的学习,读者可以拓展设计思维,培养多角度解决逻辑设计问题的能力。本章重在针对问题的多角度思考能力的锻炼,而不是仅仅局限于功能。

"一题多解"设计思维的多种实现方法对于理解 HDL 与低层次逻辑电路之间的关联机制及实现电路优化具有重要的作用。同时,多角度分析实现方法对有效掌握 HDL 语法、灵活运用 HDL 实现逻辑电路也具有重要的意义。

本章的 6 个设计案例为:

- 1 位全加器;
- 奇偶校验;
- 冗余符号位检测;
- 8421BCD 编码计数器;
- 移位寄存器;
- 移位相加乘法器。

3.1 1 位全加器

设计需求:设计 1 位全加器。

图 3.1 给出了全加器的输入/输出端口,包含 3 个输入和 2 个输出。从算术运算角度分析,其功能为加法运算。因为算术运算的底层是逻辑运算,因此也可以从逻辑层面实现。类似于第 2 章半加器的设计案例,图 3.2 给出了全加器的 4 种实现方法。

图 3.1 1 位全加器端口

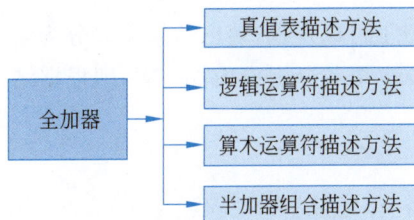

图 3.2 全加器的 4 种实现方法

1. 真值表描述方法

全加器属于组合逻辑,真值表如表 3.1 所示。

表 3.1　全加器真值表

ci	a	b	co	s
0	0	0	0	0
0	0	1	0	1
0	1	0	0	1
0	1	1	1	0
1	0	0	0	1
1	0	1	1	0
1	1	0	1	0
1	1	1	1	1

【例 3.1】　一位全加器的真值表描述方法。

```verilog
module full_adder (input a,b,ci,
                   output reg s,co);
        always@ *
          begin
            case({ci,a,b})
               3'b000: {co,s}=2'b00;
               3'b001: {co,s}=2'b01;
               3'b010: {co,s}=2'b01;
               3'b011: {co,s}=2'b10;
               3'b100: {co,s}=2'b01;
               3'b101: {co,s}=2'b10;
               3'b110: {co,s}=2'b10;
               3'b111: {co,s}=2'b11;
               default:{co,s}=2'bxx;
            endcase
          end
endmodule
```

注意:

语法知识点：①敏感信号列表通配符"*";②连接运算符"{ }";③case 语句无关项可使用 x。

根据表 3.1 可以发现,输出结果可以分为 4 种情况：00、01、10 和 11,因此可以将输入分为 4 类,用 case 语句分别描述每一类,即根据结果对输入进行组合描述,可以简化 case 语句的描述。

例如：

```verilog
module full_adder (input a,b,ci,
                   output reg s,co);
      always@ *
```

```
            begin
                case({ci,a,b})
                    3'b000: {co,s}=2'b00;
                    3'b001,3'b010,3'b100: {co,s}=2'b01;
                    3'b011,3'b101,3'b110: {co,s}=2'b10;
                    3'b111: {co,s}=2'b11;
                    default:{co,s}=2'bxx;
                endcase
            end
endmodule
```

注意：

语法知识点：case 分支中的多个条件之间用逗号隔开。

2. 逻辑运算符描述方法

根据表 3.1，s 和 co 的逻辑表达式如下：

$$s=\overline{ci}\cdot\overline{a}\cdot b+\overline{ci}\cdot a\cdot\overline{b}+ci\cdot\overline{a}\cdot\overline{b}+ci\cdot a\cdot b$$
$$co=\overline{ci}\cdot a\cdot b+ci\cdot\overline{a}\cdot b+ci\cdot a\cdot\overline{b}+ci\cdot a\cdot b$$

上面两个逻辑表达式称为最小项表达式，根据逻辑表达式，使用 Verilog 的逻辑运算符可以实现对最小项逻辑表达式的描述。此外，也可以对最小项逻辑表达式进行化简，得到最简逻辑表达式，然后用逻辑运算符进行描述。

【例 3.2】 一位全加器的逻辑运算符描述方法（最小项形式）。

```
module full_adder (input a,b,ci,
                   output s,co);
    wire m1,m2,m4,m7,m3,m5,m6;
    assign m1=(!ci)&(!a)&b;
    assign m2=(!ci)&a&(!b);
    assign m3=(!ci)&a&b;
    assign m4=ci&(!a)&(!b);
    assign m5=ci&(!a)&b;
    assign m6=ci&a&(!b);
    assign m7=ci&a&b;
    assign s=m1|m2|m4|m7;
    assign co=m3|m5|m6|m7;
endmodule
```

注意：

语法知识点：①逻辑运算符；②逻辑表达式描述中括号的使用；③assign 并发描述语句的特点。

3. 算术运算符描述方法

全加器的功能从算术运算角度考虑就是做加法，因此可以使用 Verilog HDL 的运算算术运算符实现该功能。

【例 3.3】 1 位全加器的算术运算符描述方法。

```
module full_adder (input a,b,ci,
                   output s,co);

    assign {co,s}=a+b+ci;

endmodule
```

注意：

语法知识点：算术运算符。

4. 半加器组合实现方法

半加器可以实现两个数据的求和运算，全加器有 3 个输入，因此可以使用两个半加器级

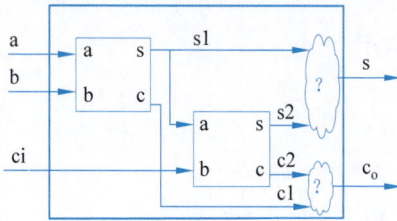

图 3.3　2 个半加器构成全加器
的内部结构(待定)

联完成全加器功能。该方法可以看作元件例化描述方法，属于结构描述方式，因此需要确定电路的元件类型及连接关系。

全加器考虑进位输入，需要 3 个数据相加，因此需要两个 2 输入的半加器。进位输入与第 1 个半加器的和作为第 2 个半加器的输入。两个半加器产生两组 c 和 s，假设第 1 个半加器的输出为 c1 和 s1，第 2 个半加器的输出为 c2 和 s2，如图 3.3 所示。但

图 3.3 中的全加器的输出 s 和 co 与 c1、c2、s1、s2 的关系还需要进行分析，在全加器真值表 3.1 的基础上，将中间结果 c1、s1、c2、s2 写入真值表，得到表 3.2。

表 3.2　包含中间结果的真值表

ci	a	b	c1	s1	c2	s2	co	s
0	0	0	0	0	0	0	0	0
0	0	1	0	1	0	1	0	1
0	1	0	0	1	0	1	0	1
0	1	1	1	0	0	0	1	0
1	0	0	0	0	0	1	0	1
1	0	1	0	1	1	0	1	0
1	1	0	0	1	1	0	1	0
1	1	1	1	0	0	1	1	1

由表 3.2 可以得到 s＝s2。考虑 c1 与 c2 没有同时为 1 的情况，因此 co＝c1⊕c2（异或逻辑）或者 co＝c1＋c2（或逻辑），如图 3.4 所示，考虑到面积和成本，一般选用或逻辑（或门内部 6 个 MOS 管，异或门内部 10 个 MOS 管）。

最终得到图 3.5 所示的全加器内部结构图。

【例 3.4】　1 位全加器的半加器组合描述方法。

（1）全加器顶层代码（按图 3.5 所示结构）。

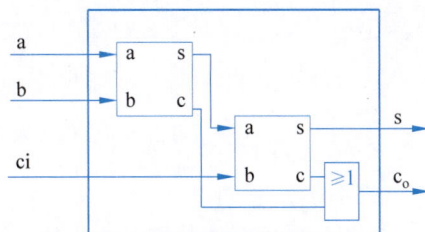

图 3.4　CO 逻辑表达式确定原理　　图 3.5　2 个半加器构成全加器的内部结构(确定)

```
module full_adder (input a,b,ci,
                   output s,co);
  wire s1,c1,s2,c2;
  half_adder u1(
   .a  (a),
   .b  (b),
   .s  (s1),
   .c  (c1));

  half_adder u2(
   .a  (ci),
   .b  (s1),
   .s  (s2),
   .c  (c2));

  assign s=s2;
  assign co=c1|c2;

endmodule
```

(2) 底层元件(半加器)代码。

```
module half_adder (input a,b,
                   output s,c);
    assign {c,s}=a+b;
endmodule
```

半加器代码的其他实现方式也可以使用,具体代码可以参考第 2 章。

注意:

语法知识点:①元件例化;②端口的名称映射方法。

3.2　奇偶校验

设计需求:设计一个逻辑电路,可以检测 4 位二进制数据中包含数字 1 的个数是奇数还是偶数,若是奇数,则输出 1,否则输出 0(0 个 1 认为是偶数个 1)。

图 3.6 给出了本教材中奇偶校验功能实现的 4 种方法。

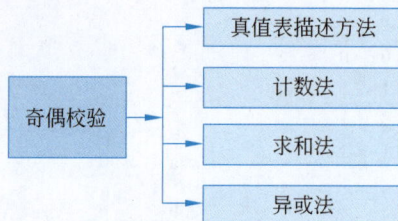

图 3.6 奇偶校验功能的 4 种实现方法

1. 真值表描述方法

表 3.3 为 4 位二进制数据校验功能的真值表。

表 3.3　4 位二进制数据奇偶校验真值表

输 入 信 号				输 出 信 号
0	0	0	0	0
0	0	0	1	1
0	0	1	0	1
0	0	1	1	0
0	1	0	0	1
0	1	0	1	0
0	1	1	0	0
0	1	1	1	1
1	0	0	0	1
1	0	0	1	0
1	0	1	0	0
1	0	1	1	1
1	1	0	0	0
1	1	0	1	1
1	1	1	0	1
1	1	1	1	0

【例 3.5】 奇偶校验的真值表描述方法。

```
module parity (input wire[3:0] din,
               output reg dout);
    always@(din)
      begin
        case(din)
          4'b0000:dout<=1'b0;
          4'b0001:dout<=1'b1;
          4'b0010:dout<=1'b1;
```

```
      4'b0011:dout<=1'b0;
      4'b0100:dout<=1'b1;
      4'b0101:dout<=1'b0;
      4'b0110:dout<=1'b0;
      4'b0111:dout<=1'b1;
      4'b1000:dout<=1'b1;
      4'b1001:dout<=1'b0;
      4'b1010:dout<=1'b0;
      4'b1011:dout<=1'b1;
      4'b1100:dout<=1'b0;
      4'b1101:dout<=1'b1;
      4'b1110:dout<=1'b1;
      4'b1111:dout<=1'b0;
      default:dout<=1'b0;
    endcase
  end
endmodule
```

2. 计数法

逐位判断二进制数据的每一位是否为 1,若为 1,则加 1;若为 0,则保持。最后判断计数值最低位的取值,若为 0,则说明有偶数个 1;若为 1,则说明有奇数个 1。最低位的取值与校验结果相同,因此可以将最低位的取值赋值给校验结果。表 3.4 给出了 4 位二进制数据中 1 的个数的计数结果。

表 3.4 4 位二进制中 1 的个数的计数结果

二 进 制 数	计数结果(二进制)	计数结果最低位	校验结果
0000	000	0	0
0001、0010、0100、1000	001	1	1
0011、0101、0110、1001、1010、1100	010	0	0
0111、1011、1101、1110	011	1	1
1111	100	0	0

【例 3.6】 奇偶校验的计数描述方法(for 循环自动遍历所有位)。

```
module parity #(parameter N=4)        //位宽参数化,可适用于任意长度二进制数据
            (input wire[N-1:0] din,
             output reg dout);

  integer i;                          //定义循环变量
  reg[N/2:0] cnt;                     //定义计数变量
  always@(din)
    begin
    cnt='b0;
    for(i=0;i<N;i=i+1) begin
      case (din[i])
        1'b1:cnt=cnt+1;               //若为 1,则计数值加 1
        default:cnt=cnt;             //若为 0,则计数值保持
```

```
          endcase
        end
      dout=cnt[0];              //取计数值的最低位作为校验结果
    end
  endmodule
```

注意：

语法知识点：①parameter 定义端口参数；②for 循环；③阻塞赋值语句。

表 3.5 给出了 4 位二进制数据每位取值的求和结果，可以发现，当有偶数个 1 时，求和结果为 0；当有奇数个 1 时，结果为 1。求和结果的最低位即为校验结果。

表 3.5　4 位二进制数据逐位求和结果

二 进 制 数	求和结果（1 的位置无关，取最低位）	校验结果
0000	$0+0+0+0=000$	0
0001、0010、0100、1000	$1+0+0+0=001$	1
0011、0101、0110、1001、1010、1100	$1+1+0+0=010$	0
0111、1011、1101、1110	$1+1+1+0=011$	1
1111	$1+1+1+1=100$	0

【例 3.7】　奇偶校验的求和描述方法。

（1）逐位求和（手动遍历所有位）。

```
module parity (input wire[3:0] din,
               output reg dout);
  reg co;
   always@(din)
     begin
       {co,dout}<=din[3]+din[2]+din[1]+din[0];    //手动写出所有的位
     end
  endmodule
```

（2）逐位求和（for 循环自动遍历所有位）。

```
module parity #(parameter N=4)
               (input wire[N-1:0] din,
                output reg dout);

    integer i;                 //定义循环变量
    reg[N/2:0] cnt;            //定义求和变量
    always@(din)
      begin
        cnt='b0;
        for(i=0;i<N;i=i+1)
            cnt=cnt+din[i];    //逐位求和
        dout=cnt[0];           //取求和值的最低位作为校验结果
      end
  endmodule
```

3. 异或法

表 3.6 给出了 4 位二进制数据每位取值的异或结果,可以发现,当有偶数个 1 时,求和结果为 0;当有奇数个 1 时,结果为 1。

表 3.6 4 位二进制数据逐位异或结果

1 的个数	二 进 制 数	异或结果(1 的位置无关)
0 个 1	0000	0^0^0^0＝0
1 个 1	0001、0010、0100、1000	1^0^0^0＝1
2 个 1	0011、0101、0110、1001、1010、1100	1^1^0^0＝0
3 个 1	0111、1011、1101、1110	1^1^1^0＝1
4 个 1	1111	1^1^1^1＝0

【例 3.8】 奇偶校验的异或描述方法。

(1)异或逻辑运算符(手动遍历所有位)。

```
module parity (input wire[3:0] din,
               output reg dout);
always@(din)
    begin
      dout<=din[3]^din[2]^din[1]^din[0];    //声明具体的区间
    end
  endmodule
```

(2)异或逻辑运算符(for 循环自动遍历所有位)。

```
module parity #(parameter N=4)          //位宽参数化,可适用于任意长度的二进制数据
               (input wire[N-1:0] din,
                output reg dout);
integer i;                              //定义循环变量
  always@(din)
    begin
      dout=1'b0;
      for(i=0;i<N;i=i+1)                //使用 for 循环
        dout=dout^din[i];
    end
  endmodule
```

(3)异或规约运算符(自动遍历所有位,无需 for 循环)。

```
module parity (input wire[3:0] din,
               output reg dout);
  always@(din)
    begin
      dout<=^din;                        //使用归约运算符,自动遍历所有位,无须 for 循环
    end
  endmodule
```

注意:语法知识点:归约运算符。

3.3　冗余符号位检测

设计需求：设计一个逻辑电路,可以检测任意 16 位二进制数据中第一个 1 前面的 0 的个数。

图 3.7 给出了本教材中冗余符号位检测功能的实现方法。从原理上看,实现方法可以分为优先级编码法和计数法。每种方法又可以根据使用 Verilog HDL 语法的不同,分为若干不同的描述方法。

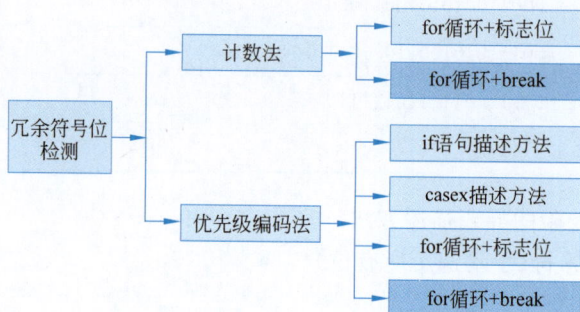

图 3.7　冗余符号位检测功能的实现方法

计数法的思路是直接对 0 的个数进行计数;而优先级编码法的思路是根据 1 的位置确定 0 的个数。

1. 计数法

计数法原理：根据设计需求,为了检测二进制数据中第一个 1 的位置,可以从高位到低位逐位判断每一位的取值是否为 0,若为 0,则计数;若为 1,则停止检测,根据此时 0 的个数作为结果。

（1）for 循环＋标志位实现计数法描述。

图 3.8 给出了 for 循环＋标志位实现计数法描述的流程图。

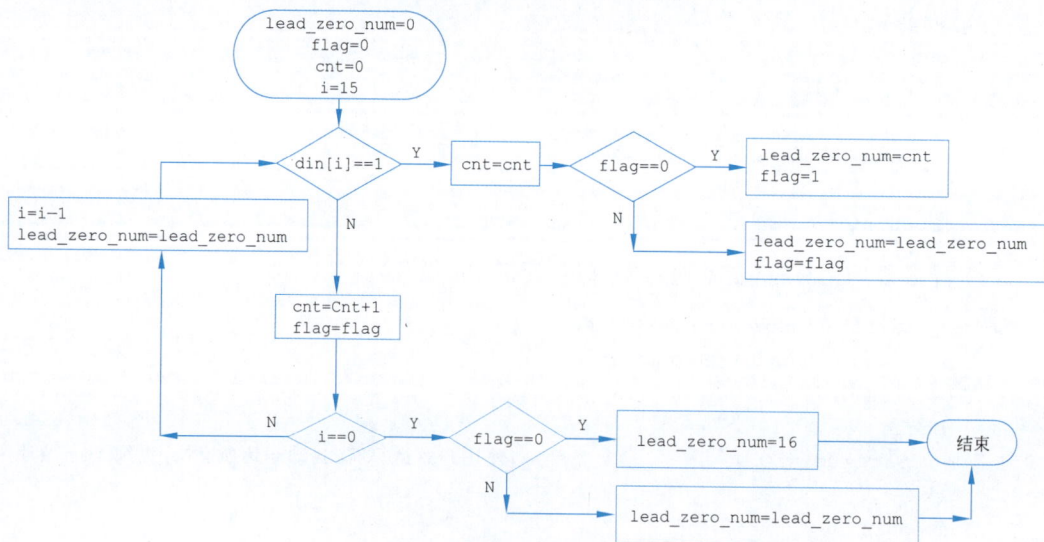

图 3.8　for 循环＋标志位实线计数法描述的流程图

【例 3.9】 冗余符号位检测的计数法(for 循环+标志位)。

```verilog
module lead_zero (input [15:0] din,
                  output reg[4:0] lead_zero_num);

  reg[4:0] cnt;
  integer i;
  reg flag;          //定义标志位

  always@(din)
    begin
        cnt=0;
        flag=0;
        lead_zero_num=0;
        for(i=15;i>=0;i=i-1) begin
            if (din[i]==1'b1) begin
                cnt=cnt;
                if (flag==1'b0) begin
                    lead_zero_num=cnt;
                    flag=1'b1;
                     end
                  else begin
                    lead_zero_num=lead_zero_num;
                    flag=flag;
                    end
                  end
            else begin
                cnt=cnt+1'b1;
                flag=flag;
                if ((i==1'b0)&&(flag==1'b0))
                    lead_zero_num=16;
                else
                    lead_zero_num=lead_zero_num;
                end
            end

        end
    end

endmodule
```

(2) for 循环+break 实现计数法描述。

我们知道,C 语言中的 for 循环有专门的语法,即通过 continue 和 break 可以实现循环的跳出控制。但是 Verilog-1995 和 Verilog-2001 标准不支持 continue 和 break,直到 Systemverilog-2005 标准才可以使用 continue 和 break 控制 for 循环的跳出,因此需要修改 EDA 工具中 Verilog HDL 的标准版本为 systemverilog-2005。

break 的作用是在检测到 1 时跳出 for 循环,并输出 0 的计数值。for 循环+break 实现计数法的流程如图 3.9 所示。

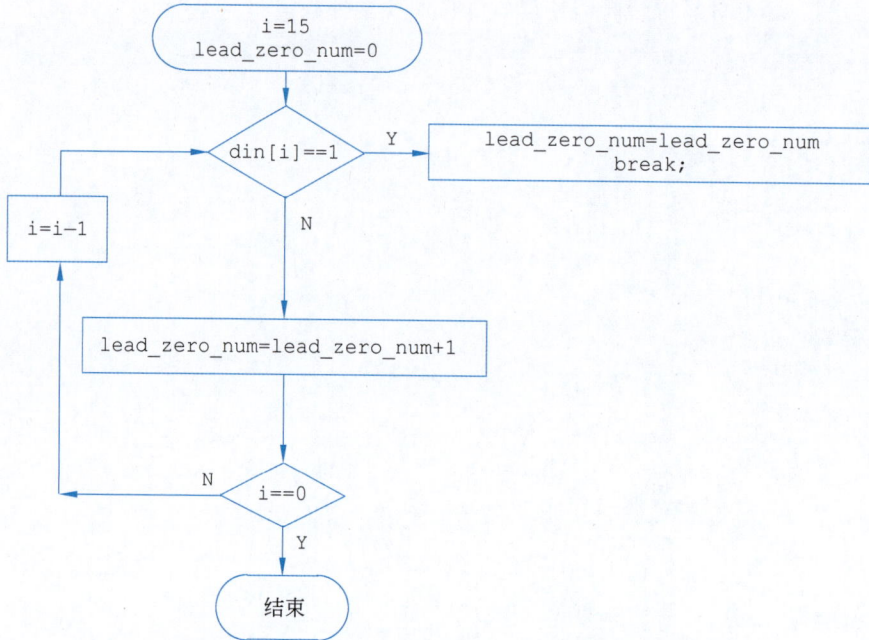

图 3.9　for 循环＋break 实现计数法描述的流程图

【例 3.10】　冗余符号位检测的计数法（for 循环＋break）。

```verilog
module lead_zero (input [15:0] din,
                  output reg[4:0] lead_zero_num);

  integer i;

  always@ (din)
   begin
     lead_zero_num=0;
      for(i=15;i>=0;i=i-1)
        begin
          case (din[i])
            1'b0: lead_zero_num=lead_zero_num+1'b1;
            default: break;
          endcase
        end
    end
endmodule
```

注意：

语法知识点：对于 break 功能的支持，需要将 Verilog HDL 的标准设置为 Systemverilog-2005。

2. 优先级编码法

根据设计需求，为了检测二进制数据中第一个 1 的位置，可以从高位到低位逐位判断每一位的取值是否为 1，若为 1，则停止检测，根据该位的索引确定前面 0 的个数；若不为 1，则继续判断下一位。此问题可以用优先级编码解决。表 3.7 给出了 16 位二进制数据冗余符号位检测的优先级编码真值表。

表 3.7 冗余符号位检测优先级真值表

din																lead_zero_num
15	14	13	12	11	10	9	8	7	6	5	4	3	2	1	0	
1	×	×	×	×	×	×	×	×	×	×	×	×	×	×	×	0
0	1	×	×	×	×	×	×	×	×	×	×	×	×	×	×	1
0	0	1	×	×	×	×	×	×	×	×	×	×	×	×	×	2
0	0	0	1	×	×	×	×	×	×	×	×	×	×	×	×	3
0	0	0	0	1	×	×	×	×	×	×	×	×	×	×	×	4
0	0	0	0	0	1	×	×	×	×	×	×	×	×	×	×	5
0	0	0	0	0	0	1	×	×	×	×	×	×	×	×	×	6
0	0	0	0	0	0	0	1	×	×	×	×	×	×	×	×	7
0	0	0	0	0	0	0	0	1	×	×	×	×	×	×	×	8
0	0	0	0	0	0	0	0	0	1	×	×	×	×	×	×	9
0	0	0	0	0	0	0	0	0	0	1	×	×	×	×	×	10
0	0	0	0	0	0	0	0	0	0	0	1	×	×	×	×	11
0	0	0	0	0	0	0	0	0	0	0	0	1	×	×	×	12
0	0	0	0	0	0	0	0	0	0	0	0	0	1	×	×	13
0	0	0	0	0	0	0	0	0	0	0	0	0	0	1	×	14
0	0	0	0	0	0	0	0	0	0	0	0	0	0	0	1	15
0	0	0	0	0	0	0	0	0	0	0	0	0	0	0	0	16

(1) if 语句实现优先级方法描述。

if 语句具有描述优先级编码的功能,先判断的 if 条件分支默认具有高的优先级。if 语句实现冗余符号位检测的代码如例 3.11 所示。

【例 3.11】 冗余符号位检测的优先级编码描述方法(if 语句)。

```verilog
module lead_zero (input [15:0] din,
                  output reg[4:0] lead_zero_num);

    always@(din)
      begin
        if (din[15]==1'b1)
            lead_zero_num=0;
        else if (din[14]==1'b1)
            lead_zero_num=1;
        else if (din[13]==1'b1)
            lead_zero_num=2;
        else if (din[12]==1'b1)
            lead_zero_num=3;
        else if (din[11]==1'b1)
```

```
               lead_zero_num=4;
         else if (din[10]==1'b1)
               lead_zero_num=5;
         else if (din[9]==1'b1)
               lead_zero_num=6;
         else if (din[8]==1'b1)
               lead_zero_num=7;
         else if (din[7]==1'b1)
               lead_zero_num=8;
         else if (din[6]==1'b1)
               lead_zero_num=9;
         else if (din[5]==1'b1)
               lead_zero_num=10;
         else if (din[4]==1'b1)
               lead_zero_num=11;
         else if (din[3]==1'b1)
               lead_zero_num=12;
         else if (din[2]==1'b1)
               lead_zero_num=13;
         else if (din[1]==1'b1)
               lead_zero_num=14;
         else if (din[0]==1'b1)
               lead_zero_num=15;
         else
               lead_zero_num=16;
      end
endmodule
```

（2）casex 语句实现优先级方法描述。

由表 3.7 可知，优先级编码中含有无关项 x，因此可以用 casex 语句实现优先级编码的功能，代码如例 3.12 所示。

【例 3.12】 冗余符号位检测的优先级编码描述方法（casex 语句）。

```
module lead_zero (input [15:0] din,
                  output reg[4:0] lead_zero_num);

always@(din)
   begin
    casex(din)
      16'b0000_0000_0000_0000:lead_zero_num <=16;
      16'b0000_0000_0000_000x:lead_zero_num <=15;
      16'b0000_0000_0000_001x:lead_zero_num <=14;
      16'b0000_0000_0000_01xx:lead_zero_num <=13;
      16'b0000_0000_0000_1xxx:lead_zero_num <=12;
      16'b0000_0000_0001_xxxx:lead_zero_num <=11;
      16'b0000_0000_001x_xxxx:lead_zero_num <=10;
      16'b0000_0000_01xx_xxxx:lead_zero_num <=9;
      16'b0000_0000_1xxx_xxxx:lead_zero_num <=8;
      16'b0000_0001_xxxx_xxxx:lead_zero_num <=7;
      16'b0000_001x_xxxx_xxxx:lead_zero_num <=6;
```

```
        16'b0000_01xx_xxxx_xxxx:lead_zero_num<=5;
        16'b0000_1xxx_xxxx_xxxx:lead_zero_num<=4;
        16'b0001_xxxx_xxxx_xxxx:lead_zero_num<=3;
        16'b001x_xxxx_xxxx_xxxx:lead_zero_num<=2;
        16'b01xx_xxxx_xxxx_xxxx:lead_zero_num<=1;
        16'b1xxx_xxxx_xxxx_xxxx:lead_zero_num<=0;
        default: lead_zero_num<=0;
    endcase
end
```

注意：

语法知识点：casex 语法。

（3）for 循环＋标志位实现优先级方法描述。

例 3-11 和例 3-12 需要手动列出所有的取值，当二进制数据的长度增加时，代码长度随之增加，将不方便维护且容易出错。为了解决该问题，可以引入 for 循环自动遍历二进制数据的位取值。因为高位具有高的优先级，因此可以从高位到低位逐级判断位取值，若为 1，则停止检测，并根据当前的位标号确定前面 0 的个数。

采用数学归纳法对表 3.7 进行分析，可以发现 lead_zero 的数值与 1 位置标号的数学表达式可以写为：

$$\text{lead\_zero} = \begin{cases} 15-i, & i \text{ 为第一个取值为 1 的位索引号}, \quad \text{din} \neq 0 \\ 16, & \text{din} = 0 \end{cases} \quad (3.1)$$

图 3.10 给出了 for 循环＋标志位实现优先级编码的流程图，Verilog HDL 代码描述如例 3.13 所示。

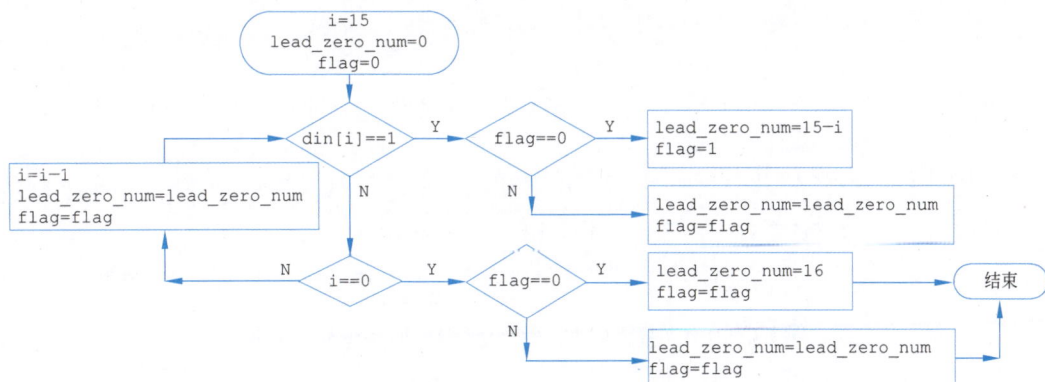

图 3.10 for 循环＋标志位实现优先级编码描述的流程图

【例 3.13】 冗余符号位检测的优先级编码描述方法（for 循环＋标志位）。

```
module lead_zero (input [15:0] din,
                  output reg[4:0] lead_zero_num);

    reg flag;      //是否出现过 1 的标志位,当检测到第一个 1 时,置 1,并保持不变
    integer i;

    always@ (din)
```

```
      begin
        lead_zero_num=0;
        flag=0;
        for(i=15;i>=0;i=i-1) begin
         if (din[i]==1'b1) begin
            if (flag==1'b0) begin
               lead_zero_num=15-i;
               flag=1'b1; end
            else begin
               lead_zero_num=lead_zero_num;
               flag=flag;end
            end
          else begin
            if(i==0 && flag==1'b0)
               lead_zero_num=16;
            else
               lead_zero_num=lead_zero_num;end

          end
       end
endmodule
```

（4）for 循环＋break 实现优先级方法描述。

图 3.11 给出了 for 循环＋break 实现优先级编码描述的流程图，Verilog HDL 代码描述如例 3.14 所示。

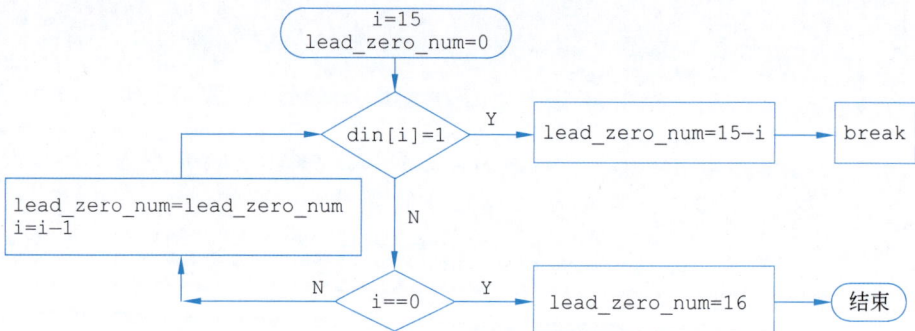

图 3.11　for 循环＋break 实现优先级编码描述的流程图

【例 3.14】　冗余符号位检测的优先级编码描述方法（for 循环＋break 控制）。

```
module lead_zero (input [15:0] din,
                  output reg[4:0] lead_zero_num);

  integer i;

  always@(din)
    begin
      for(i=15;i>=0;i=i-1) begin
       if (din[i]==1'b1) begin
            lead_zero_num=15-i;
```

```
            break; end
        else begin
            if  (i==0)
             lead_zero_num=16;
            else
             lead_zero_num=lead_zero_num;
           end
        end

      end
    endmodule
```

注意：

语法知识点：对于 break 功能的支持，需要将 Verilog HDL 的标准设置为 Systemverilog-2005。

表 3.8 分析对比了 6 种实现方法的最大延时和资源使用情况（器件为 Altera MAXII EPM570T144C5，EDA 软件为 Quartus Ⅱ 9.0）。

表 3.8　6 种方法的最大延时和资源使用比较

	Tpd/ns	Total logic elements
优先级编码(if 语句)	11.756	21
优先级编码(casex 语句)	19.345	41
优先级编码(for 循环＋标志位)	11.742	20
优先级编码方法(for 循环＋break)	13.627	18
计数法(for 循环＋标志位)	25.107	102
计数法(for 循环＋break)	27.327	100

从表 3.8 可以发现，占用资源最少的方法是优先级编码方法（for 循环＋break），延时最小的方法是优先级编码方法（for 循环＋标志位）。

3.4　8421BCD 编码计数器

设计需求：设计一个十二进制 8421BCD 编码计数器。

表 3.9 给出了十二进制 8421BCD 编码计数器数值与二进制编码数值的对应关系，也体现了普通二进制编码计数器与 8421BCD 编码二进制计数器的区别。例如十进制数值 10，普通二进制编码计数器用 1010 表示，而 8421BCD 编码计数器用十位 0001 和个位 0000 联合表示。

表 3.9　二进制编码与 8421BCD 编码的数值对应

十进制数据	二进制编码	8421BCD 编码	
		十　位	个　位
0	0000	0000	0000
1	0001	0000	0001

续表

十进制数据	二进制编码	8421BCD 编码	
		十 位	个 位
2	0010	0000	0010
3	0011	0000	0011
4	0100	0000	0100
5	0101	0000	0101
6	0110	0000	0110
7	0111	0000	0111
8	1000	0000	1000
9	1001	0000	1001
10	1010	0001	0000
11	1011	0001	0001

在对设计需求进行分析的基础上,本教材给出了图 3.12 所示的实现方法。

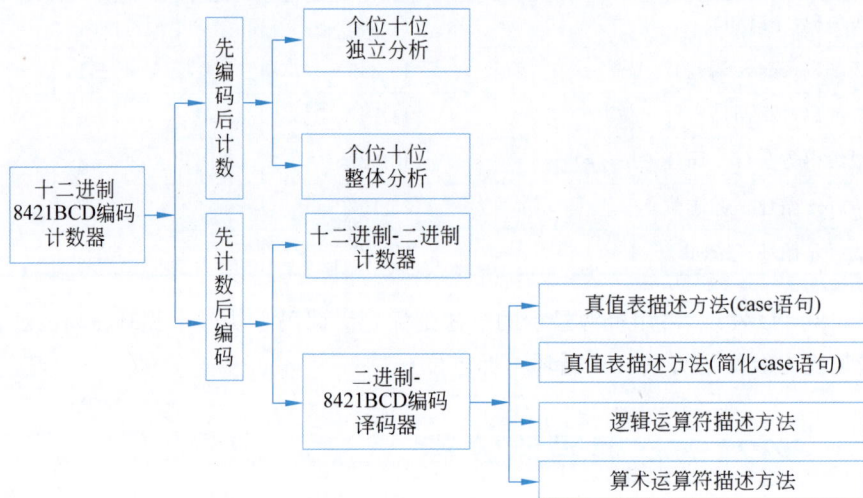

图 3.12　十二进制 8421BCD 编码加计数器实现方法

1. 先编码后计数

(1) 个位和十位独立分析。

十二进制 BCD 编码计数器需要个位和十位分别计数,因此可以考虑使用两个计数器,分别实现个位计数和十位计数。

● 个位计数器设计。

根据设计需求,图 3.13 给出了个位数器的状态转换及状态分类。如图 3.13 所示,根据个位数 10 个数值的下一个状态的取值,可以分为 3 个状态:①清 0,数值为 9;②加 1 或清 0,数值为 1;③加 1,数值为 0,2,3,4,5,6,7,8。

根据图 3.13,可以得到图 3.14 所示的个位数计数器流程图。

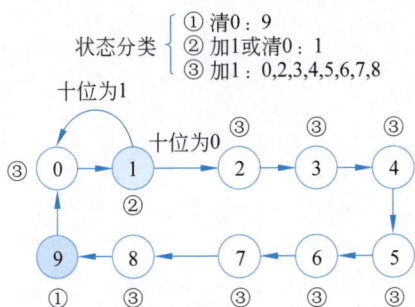

图 3.13 个位数状态转换图及状态分类

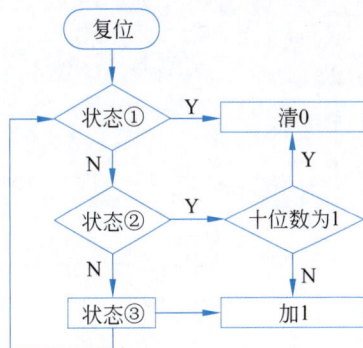

图 3.14 个位数计数器流程图

- 十位计数器设计。

根据设计需求，图 3.15 给出了十位计数器的状态转换及状态分类。如图 3.15 所示，十位数只有两个数值，因此分为两个状态：①数值为 0；②数值为 1。

根据图 3.15，可以得到图 3.16 所示的十位计数器流程图。

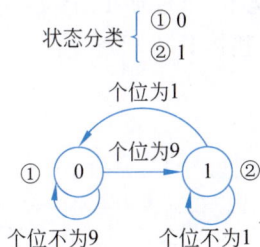

图 3.15 十位数状态转换图及状态分类

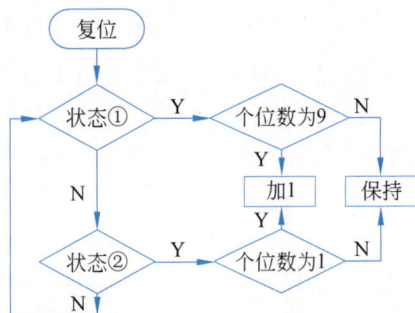

图 3.16 十位数计数器流程图

【例 3.15】 十二进制 8421BCD 编码计数器（个位与十位独立分析）。

代码的分析需结合图 3.13 至图 3.16。

```
module cnt_12_BCD (input rst_n,clk,
                   output reg[3:0] dout1,
                   output reg dout2);

reg dout2_en;                              //定义十位计数功能
    always@(posedge clk,negedge rst_n)
      begin
        if(!rst_n)
          dout1<=4'b0000;
        else begin
          if (dout1==4'b1001)              //个位状态1
              dout1<=4'b0000;
          else if (dout1==4'b0001) begin   //个位状态2
                if(dout2==1'b1)
                    dout1<=4'b0000;
                else
                  dout1<=dout1+1;  end
```

```
            else                                //个位状态 3
                dout1<=dout1+1;
        end
    end

    always@(posedge clk,negedge rst_n)
    begin
        if(!rst_n)
            dout2<=1'b0;
        else begin
            if ((dout2==1'b0 && dout1==4'b1001) ||     //十位状态 0
                (dout2==1'b1 && dout1==4'b0001))        //十位状态 1
                    dout2<=dout2+1;
            else
                    dout2<=dout2;
        end
    end
endmodule
```

（2）个位十位整体分析。

如图 3.17 所示，整体分析个位十位，分为 3 个状态：①数值为 11 时，个位变为 0，十位变为 0；②数值为 09 时，个位变为 0，十位变为 1；③其他情况下，个位加 1，十位不变。

【例 3.16】　十二进制 8421BCD 编码计数器（个位与十位整体分析）。

代码的分析需结合图 3.17 和图 3.18。

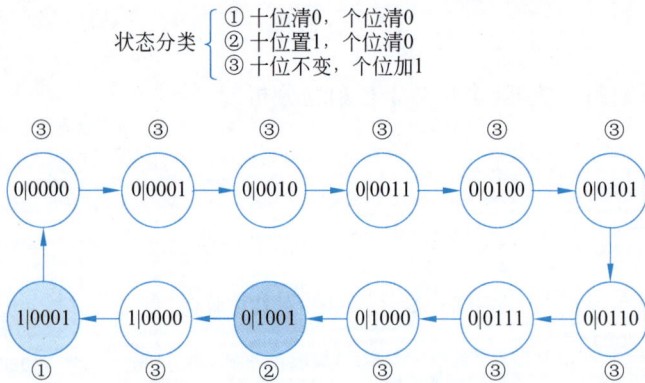

图 3.17　个位十位状态转换图及状态分类

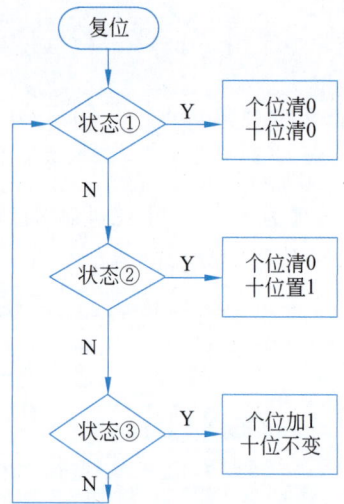

图 3.18　个位十位状态转换流程图

```
module cnt_12_BCD (input rst_n,clk,
                   output reg[3:0] dout1,
                   output reg dout2);

    always@(posedge clk,negedge rst_n)
        begin
            if(!rst_n) begin
```

```
            dout1<=4'b0000;
            dout2<=1'b0;end
        else begin
          if ((dout2==1'b1) && (dout1==4'b0001)) begin
              dout1<=4'b0000;
              dout2<=1'b0;end
          else if ((dout2==1'b0) && (dout1==4'b1001)) begin
                  dout1<=4'b0000;
                  dout2<=1'b1;end
          else begin
              dout1<=dout1+1;
              dout2<=dout2;end

        end
    end
  endmodule
```

2. 先计数后编码

如图 3.19 所示,该方案首先实现十二进制-二进制编码计数器,然后对计数值进行 8421BCD 编码。

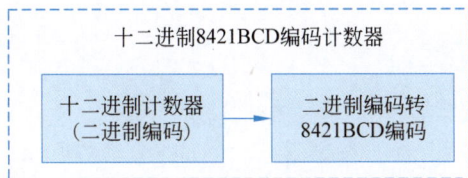

图 3.19　先计数后编码实现方案

本案例的先计数后编码方法中的十二进制计数器的设计方法不再展开,主要分析不同的二进制编码转 8421BCD 编码的方法。

(1) 十二进制计数器设计。

设计一个十二进制计数器,同样可以采用状态分析法。如图 3.20 所示,十二进制-二进制编码计数器可以分为两个状态:①清 0,包含数值 11;②加 1,包含数值 0~10。

图 3.21 给出了图 3.20 对应的流程图。

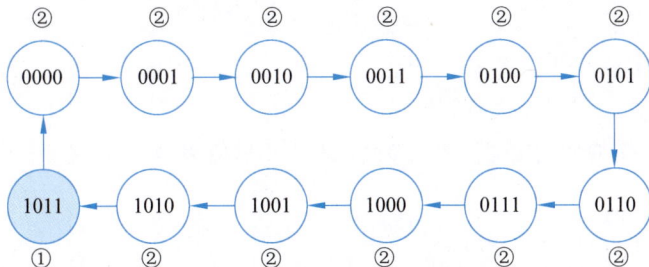

图 3.20　十二进制-二进制编码计数器状态转换及状态分类

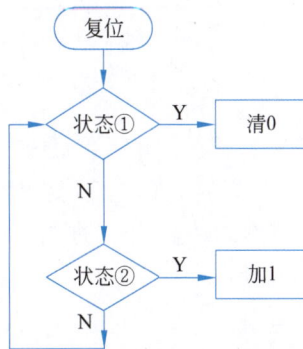

图 3.21　图 3.19 对应的流程图

（2）二进制编码转 8421BCD 编码。

① 译码方案 1：真值表描述方法（case 语句）。

根据表 3.8，可使用 case 语句实现编码功能的转换。

【例 3.17】　十二进制 8421BCD 编码计数器（先计数后编码＋真值表描述方法＋case 语句）。

```verilog
module cnt_12_BCD (input rst_n,clk,
                   output reg[3:0] dout1,
                   output reg dout2);
    reg[3:0] cnt;
    always@(posedge clk,negedge rst_n)
      begin
        if(!rst_n)
            cnt<=4'b0000;
        else begin
            if (cnt==4'b1011)
                cnt<=4'b0000;
            else
                cnt<=cnt+1;
        end
      end

    always@(posedge clk)
      begin
      case(cnt)
        4'b0000:begin dout2<=1'b0;dout1<=4'b0000;end
        4'b0001:begin dout2<=1'b0;dout1<=4'b0001;end
        4'b0010:begin dout2<=1'b0;dout1<=4'b0010;end
        4'b0011:begin dout2<=1'b0;dout1<=4'b0011;end
        4'b0100:begin dout2<=1'b0;dout1<=4'b0100;end
        4'b0101:begin dout2<=1'b0;dout1<=4'b0101;end
        4'b0110:begin dout2<=1'b0;dout1<=4'b0110;end
        4'b0111:begin dout2<=1'b0;dout1<=4'b0111;end
        4'b1000:begin dout2<=1'b0;dout1<=4'b1000;end
        4'b1001:begin dout2<=1'b0;dout1<=4'b1001;end
        4'b1010:begin dout2<=1'b1;dout1<=4'b0000;end
        4'b1011:begin dout2<=1'b1;dout1<=4'b0001;end
        default:begin dout2<=1'b0;dout1<=4'b0000;end
      endcase
      end
  endmodule
```

② 译码方案 2：真值表描述方法（简化 case 语句）。

【例 3.18】　十二进制 8421BCD 编码计数器（先计数后编码＋真值表描述方法＋简化 case 语句）。

```verilog
module cnt_12_BCD (input rst_n,clk,
                   output reg[3:0] dout1,
                   output reg dout2);
```

```verilog
reg[3:0] cnt;
  always@ (posedge clk,negedge rst_n)
    begin
      if(!rst_n)
        cnt<=4'b0000;
      else begin
          if (cnt==4'b1011)
              cnt<=4'b0000;
          else
              cnt<=cnt+1;
      end
    end

always@ (posedge clk)
      begin
       case(cnt)
        4'b1010:begin dout2<=1'b1;dout1<=4'b0000;end
        4'b1011:begin dout2<=1'b1;dout1<=4'b0001;end
        default:begin dout2<=1'b0;dout1<=cnt;end
       endcase
    end
endmodule
```

③ 译码方案 3：逻辑运算符。

根据表 3.8 可以得到 8421BCD 编码数值的逻辑表达式，然后使用 Verilog HDL 的逻辑运算符进行描述实现。

【例 3.19】 十二进制 8421BCD 编码计数器（先计数后编码＋逻辑运算符描述方法）。

```verilog
module cnt_12_BCD (input rst_n,clk,
                   output reg[3:0] dout1,
                   output reg dout2);
reg[3:0] cnt;
  always@ (posedge clk,negedge rst_n)
    begin
      if(!rst_n)
        cnt<=4'b0000;
      else begin
          if (cnt==4'b1011)
              cnt<=4'b0000;
          else
              cnt<=cnt+1;end
    end

  always@ (posedge clk)
    begin
    dout2<=(cnt[3])&(~cnt[2])&(cnt[1]);
    dout1[3]<=cnt[3]&(~cnt[2])&(~cnt[1]);
```

```
        dout1[2]<=(~cnt[3])&(cnt[2]);
        dout1[1]<=(~cnt[3])&(cnt[1]);
        dout1[0]<=(cnt[0]);
    end
endmodule
```

④ 译码方案 4：算术运算符。

对于 2 位十进制整数，数值除以 10，商即为十位取值，余数即为个位取值。根据该原理，采用 Verilog HDL 除法和取余两种算术运算符实现编码转换。

【例 3.20】 十二进制 8421BCD 编码计数器（先计数后编码＋算术运算符描述方法）。

```
module cnt_12_BCD (input rst_n,clk,
                   output reg[3:0] dout1,
                   output reg dout2);
    reg[3:0] cnt;
     always@(posedge clk,negedge rst_n)
       begin
         if(!rst_n)
           cnt<=4'b0000;
         else begin
           if (cnt==4'b1011)
               cnt<=4'b0000;
           else
               cnt<=cnt+1;end
       end

     always@(posedge clk)
        begin
        dout2<=cnt/10;        //采用除法运算符求商,计算十位
        dout1<=cnt%10;        //采用求模运算符求余数,计算个位
      end
    endmodule
```

表 3.10 分析对比了 6 种实现方法的最大延时和资源使用情况（器件为 Altera MAXII EPM570T144C5，EDA 软件为 Quartus Ⅱ 9.0）。

表 3.10 6 种方法的最大延时和资源使用比较

	f_{max}/MHz	Total logic elements
先编码后计数（个位十位独立分析）	248.32	8
先编码后计数（个位十位整体分析）	226.71	8
先计数后编码（真值表描述法＋case 语句）	304.04	9
先计数后编码（真值表描述法＋简化 case 语句）	304.04	9
先计数后编码（逻辑运算符描述方法）	304.04	9
先计数后编码（算术运算符描述方法）	127.45	17

3.5　移位寄存器

设计需求：设计一个 8 位左移移位寄存器。

移位寄存器是一个基本时序逻辑功能单元，可以实现数据的延时、缓冲等功能。移位寄存器的设计在第 1 章已有所介绍。在此，重点介绍移位寄存器的多种设计方法。本教材将给出图 3.22 所示的 4 种描述方法。

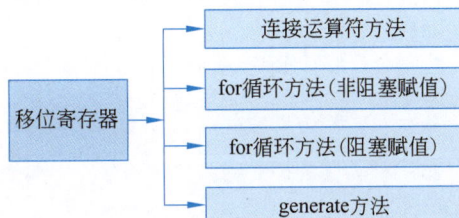

图 3.22　移位寄存器的 4 种描述方法

1. 连接运算符描述方法

连接运算符描述方法实现移位寄存器的原理如图 3.23 所示。

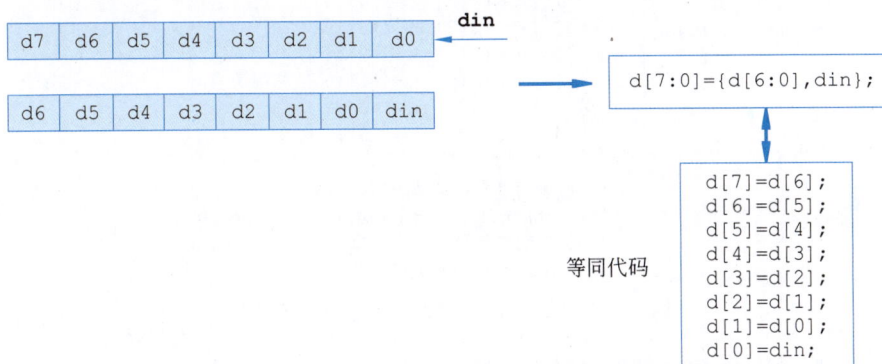

图 3.23　连接运算符描述方法实现移位寄存器的原理图

【例 3.21】　8 位左移移位寄存器（连接符描述方法）。

```
module shift_reg (input rst_n,clk,din,
                  output wire dout_s,
                  output reg[7:0] dout_p);

  always@ (negedge rst_n,posedge clk)
    begin
      if (!rst_n)
        dout_p<=8'b0000_0000;
      else
        dout_p[7:0]<={dout_p[6:0],din};      //输入数据移入低位,其余数据依次左移
    end
  assign dout_s=dout_p[7];
endmodule
```

2. for 循环＋非阻塞赋值描述方法

非阻塞赋值语句的处理和赋值是分开的。非阻塞赋值语句被处理时，可以人为地给每条赋值语句的变量分配一个数据暂存器，以放置待赋值的数据，这样就保证了赋值数据在赋值阶段不会被改写。在赋值阶段，将数据暂存器中的数据赋值给变量。图 3.24 给出了 8 位左移移位寄存器非阻塞赋值的过程分析。

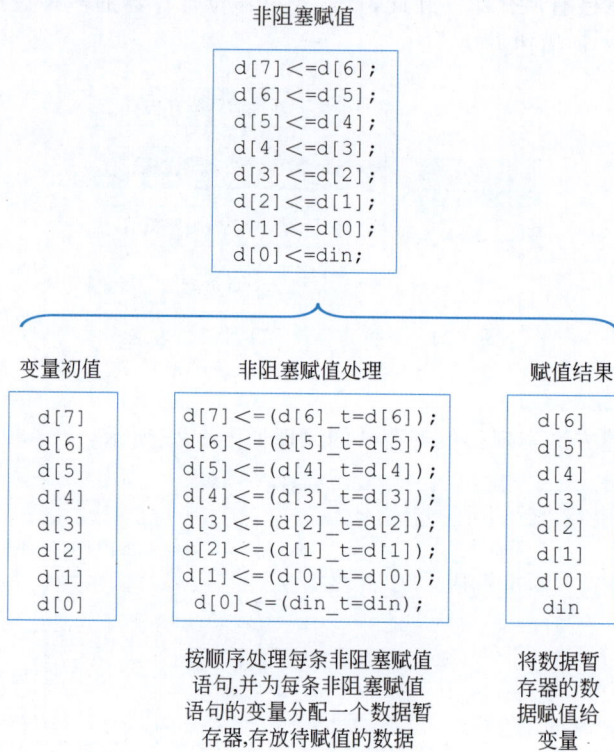

非阻塞赋值

```
d[7]<=d[6];
d[6]<=d[5];
d[5]<=d[4];
d[4]<=d[3];
d[3]<=d[2];
d[2]<=d[1];
d[1]<=d[0];
d[0]<=din;
```

变量初值 / 非阻塞赋值处理 / 赋值结果

```
d[7]           d[7]<=(d[6]_t=d[6]);        d[6]
d[6]           d[6]<=(d[5]_t=d[5]);        d[5]
d[5]           d[5]<=(d[4]_t=d[4]);        d[4]
d[4]           d[4]<=(d[3]_t=d[3]);        d[3]
d[3]           d[3]<=(d[2]_t=d[2]);        d[2]
d[2]           d[2]<=(d[1]_t=d[1]);        d[1]
d[1]           d[1]<=(d[0]_t=d[0]);        d[0]
d[0]           d[0]<=(din_t=din);          din
```

按顺序处理每条非阻塞赋值语句，并为每条非阻塞赋值语句的变量分配一个数据暂存器，存放待赋值的数据 / 将数据暂存器的数据赋值给变量

图 3.24　移位寄存器的非阻塞赋值过程分析

【例 3.22】　8 位左移移位寄存器（for 循环＋非阻塞赋值描述方法）。

```verilog
module shift_reg (input rst_n,clk,din,
                  output wire dout_s,
                  output reg[7:0] dout_p);
    integer i;
    always@(negedge rst_n,posedge clk)
      begin
        if (!rst_n)
          dout_p<=8'b0000_0000;
        else
          begin
            dout_p[0]<=din;
            for(i=0;i<7;i=i+1)
              //非阻塞赋值,赋值语句处理后,变量的值并没有立即改变
              dout_p[i+1]<=dout_p[i];
          end
```

```
      end
   assign dout_s=dout_p[7];
endmodule
```

3. for 循环＋阻塞赋值方法

阻塞赋值语句被处理时,变量会被立即赋值。因此要注意赋值语句的顺序,以免数据被覆盖。考虑到功能是左移,数据从高位到低位依次可以被覆盖,不影响移位功能。因此,for循环首先从高位开始迭代。图 3.25 分析对比了从低位开始迭代和从高位开始迭代的结果对比。

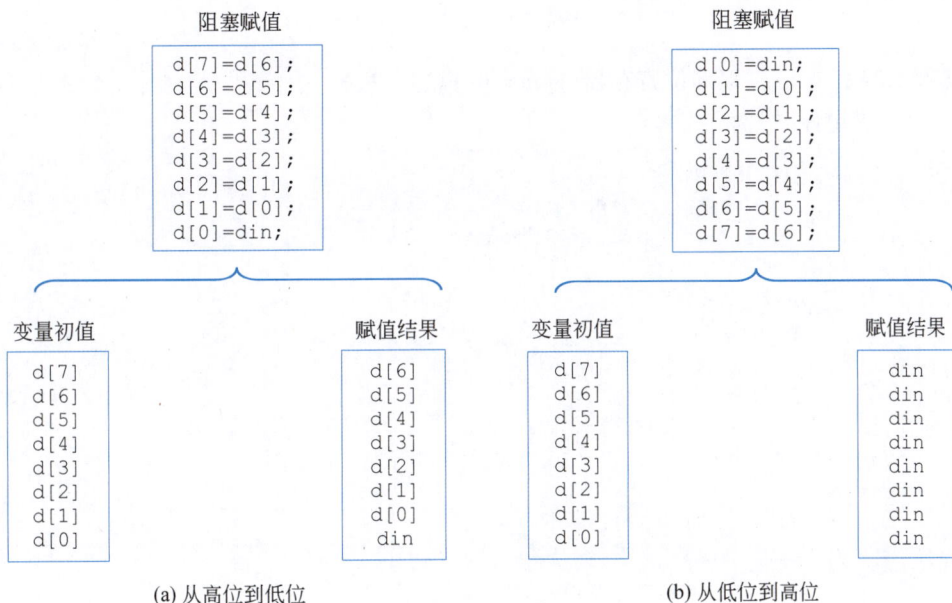

阻塞赋值
```
d[7]=d[6];
d[6]=d[5];
d[5]=d[4];
d[4]=d[3];
d[3]=d[2];
d[2]=d[1];
d[1]=d[0];
d[0]=din;
```

阻塞赋值
```
d[0]=din;
d[1]=d[0];
d[2]=d[1];
d[3]=d[2];
d[4]=d[3];
d[5]=d[4];
d[6]=d[5];
d[7]=d[6];
```

变量初值
```
d[7]
d[6]
d[5]
d[4]
d[3]
d[2]
d[1]
d[0]
```

赋值结果
```
d[6]
d[5]
d[4]
d[3]
d[2]
d[1]
d[0]
din
```

变量初值
```
d[7]
d[6]
d[5]
d[4]
d[3]
d[2]
d[1]
d[0]
```

赋值结果
```
din
din
din
din
din
din
din
din
```

(a) 从高位到低位　　　　　　　　　　　　(b) 从低位到高位

图 3.25　移位寄存器阻塞赋值的不同赋值顺序对结果的影响

【例 3.23】 8 位左移移位寄存器(for 循环＋阻塞赋值描述方法)。

```
module shift_reg (input rst_n,clk,din,
                  output wire dout_s,
                  output reg[7:0] dout_p);
   integer i;
   always@(negedge rst_n,posedge clk)
     begin
       if (!rst_n)
         dout_p<=8'b0000_0000;
       else begin
         for(i=6;i>=0;i=i-1)
           //从高位到低位逐位替换,高位数据的改写不影响低位数据
           dout_p[i+1]=dout_p[i];
           dout_p[0]=din;
         end
     end
   assign dout_s=dout_p[7];
   endmodule
```

4. generate 描述方法

图 3.26 给出了 8 位移位寄存器的结构图,可以采用 generate 语句对移位寄存器进行结构描述。

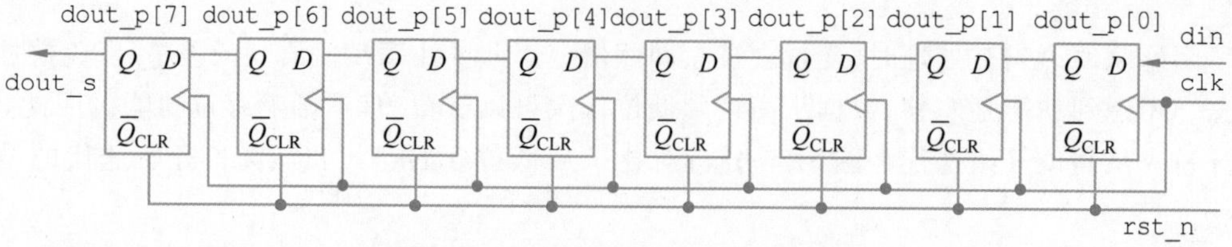

图 3.26 8 位左移移位寄存器的结构图

【例 3.24】 8 位左移移位寄存器(generate 描述方法)。

(1) 顶层设计。

```
module shift_reg (input rst_n,clk,din,
                  output wire dout_s,
                  output wire[7:0] dout_p);

    shift_1 shift_1_inst0 (
            .rst_n (rst_n),
            .clk   (clk),
            .din   (din),
            .dout  (dout_p[0]));
    genvar i;
    generate
        for(i=0;i<7;i=i+1)
          begin: shift_8
            shift_1 shift_1_inst (
            .rst_n (rst_n),
            .clk   (clk),
            .din   (dout_p[i]),
            .dout  (dout_p[i+1]));
          end
    endgenerate
    assign dout_s=dout_p[7];

  endmodule
```

(2) 底层元件(1 位 D 触发器)描述。

```
module shift_1 (input rst_n,clk,din,
                output reg dout);
     always@(negedge rst_n,posedge clk)
        begin
          if (!rst_n)
           dout<=1'b0;
           else
           dout<=din;
        end
endmodule
```

3.6 移位相加乘法器

设计要求：采用移位相加法设计乘法器，乘数和被乘数的位宽为4。

本教材给出的4种描述方法如图3.27所示。

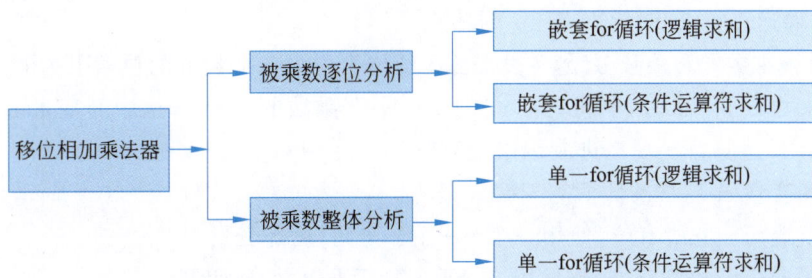

图3.27 移位相加乘法器的4种描述方法

1. 被乘数逐位分析

（1）逻辑求和法（嵌套for循环）。

假设有被乘数a和乘数b，定义被乘数a的位索引为j，乘数b的位索引为i。

① 当乘数b[i]=1时，中间变量rt[j]=a[j]；当乘数b[i]=0时，中间变量rt[j]=0；因此，使用逻辑运算符实现二进制乘法运算，即rt[j]=a[j]&b[i]。

② 中间变量rt左移的数值等于i。

③ 为了遍历a的所有位，使用一个for循环语句，循环变量为j。

④ 为了遍历b的所有位，再使用一个for循环语句，循环变量为i。

⑤ 每计算一次b[i]，就对中间变量进行移位和累加。

【例3.25】 移位相加乘法器（逻辑求和法＋嵌套for循环）。

```
module shift_add_mult
 #(parameter N=4)
  (
   input wire[N-1:0] a,b,
   output wire[2*N-1:0] c);

reg[2*N-1:0] rt;
reg[N-1:0] rt1;
integer i,j;
always@(a,b)
  begin
    rt=0;
    for(i=0;i<N;i=i+1)          //遍历乘数
      begin
        for(j=0;j<N;j=j+1)     //遍历被乘数
          rt1[j]=a[j]&b[i];    //采用逻辑运算符实现二进制乘法运算
        rt=rt+(rt1<<i);         //中间结果左移,并累加求和
```

```
        end
    end

  assign c=rt;

endmodule
```

（2）条件运算符求和法（嵌套 for 循环）。

假设有被乘数 a 和乘数 b，定义被乘数 a 的位索引为 j，乘数 b 的位索引为 i。

① 当乘数 b[i]=1 时，中间变量 rt[j]=a[j]；当乘数 b[i]=0 时，中间变量 rt[j]=0；因此，可使用条件运算符实现二进制乘法运算，即 rt[j]=b[i]&a[j]:0。

② 中间变量 rt 左移的数值等于 i。

③ 为了遍历 a 的所有位，使用一个 for 循环语句，循环变量为 j。

④ 为了遍历 b 的所有位，再使用一个 for 循环语句，循环变量为 i。

⑤ 每计算一次 b[i]，就对中间变量进行移位和累加。

【例 3.26】 移位相加乘法器（条件运算符求和法＋嵌套 for 循环）。

```
module shift_add_mult
 # (parameter N=4)
  (
   input wire [N-1:0] a,b,
   output wire[2 * N-1:0] c);

reg [2 * N-1:0] rt;
reg [N-1:0] rt1;
integer i,j;
always@ (a,b)
  begin
    rt=0;
    for (i=0;i<N;i=i+1)              //遍历乘数
      begin
        for (j=0;j<N;j=j+1)          //遍历被乘数
          rt1[j]=b[i]?a[j]:0;        //条件运算符实现二进制乘法运算
        rt=rt+(rt1<<i);              //中间结果移位并累加
      end
  end

  assign c=rt;

endmodule
```

2. 被乘数整体分析

（1）逻辑求和法（单一 for 循环）。

假设有被乘数 a 和乘数 b，定义乘数 b 的位索引为 i。对被乘数 a 进行整体分析，不定义位索引。

① 当乘数 b[i]=1 时，中间变量 rt=a；当乘数 b[i]=0 时，中间变量 rt=0；因此，rt=a&{4{b[i]}}。

② 中间变量 rt 左移的数值等于 i。

③ 为了遍历 b 的所有位,使用一个 for 循环语句,循环变量为 i。

④ 每计算一次 b[i],就对中间变量进行移位和累加。

【例 3.27】 移位相加乘法器(逻辑运算符求和法+单一 for 循环)。

```
module shift_add_mult
 #(parameter N=4)
  (
  input wire[N-1:0] a,b,
  output wire[2*N-1:0] c);

reg[7:0] rt1;
integer i;
always@(a,b)
  begin
    rt1=0;
    for(i=0;i<N;i=i+1)
      rt1=rt1+((a&{4{b[i]}}))<<i;          //逻辑运算、移位、求和一体化实现
  end

 assign c=rt1;
endmodule
```

(2) 条件运算符求和法(单一 for 循环)。

假设有被乘数 a 和乘数 b,定义乘数 b 的位索引为 i。对被乘数 a 进行整体分析,不定义位索引。

① 当乘数 b[i]=1 时,中间变量 rt=a;当乘数 b[i]=0 时,中间变量 rt=0;因此,rt= b[i]&a:0。

② 中间变量 rt 左移的数值等于 i。

③ 为了遍历 b 的所有位,使用一个 for 循环语句,循环变量为 i。

④ 每计算一次 b[i],就对中间变量进行移位和累加。

【例 3.28】 移位相加乘法器(条件运算符求和法+单一 for 循环)。

```
module shift_add_mult
 #(parameter N=4)
  (
  input wire[N-1:0] a,b,
  output wire[2*N-1:0] c);

reg[7:0] rt1;
integer i;
always@(a,b)
  begin
    rt1=0;
    for(i=0;i<N;i=i+1)
      rt1=rt1+((b[i]?a:4'b0000)<<i);
  end

 assign c=rt1;
endmodule
```

4 种方法的最大延时和资源占用比较如表 3.11 所示。

表 3.11　4 种方法的最大延时和资源占用比较

	Tpd/ns	Total logic elements
被乘数逐位分析（逻辑求和法＋嵌套 for 循环）	17.616	30
被乘数逐位分析（条件求和法＋嵌套 for 循环）	20.062	30
被乘数整体分析（逻辑求和法＋单一 for 循环）	17.616	30
被乘数整体分析（条件求和法＋单一 for 循环）	20.062	30

习题

编程题（用 Verilog HDL 代码实现逻辑功能）

1. 试用多种方法实现 6 分频电路。

2. 试用多种方式实现 8 个 8 位二进制数据求算术平均值的逻辑功能。

第4章　仿真与静态时序分析基础

CHAPTER 4

前面主要介绍了 Verilog HDL 逻辑设计的相关内容,本章将介绍 Verilog HDL 实现逻辑验证的知识。逻辑验证是检测逻辑设计功能、时序等是否满足设计需求的过程。

- 逻辑设计完成后必须进行逻辑验证(逻辑验证的必要性);
- 逻辑验证是为了修改和优化逻辑设计(逻辑验证的作用);
- 动态仿真、静态时序分析、形式验证是常用的验证方法(逻辑验证的方法)。

图 4.1 给出了 FPGA 逻辑验证的基本流程。验证环节包括功能仿真、静态时序分析和时序仿真。其中,功能仿真和时序仿真统称为动态仿真或仿真。

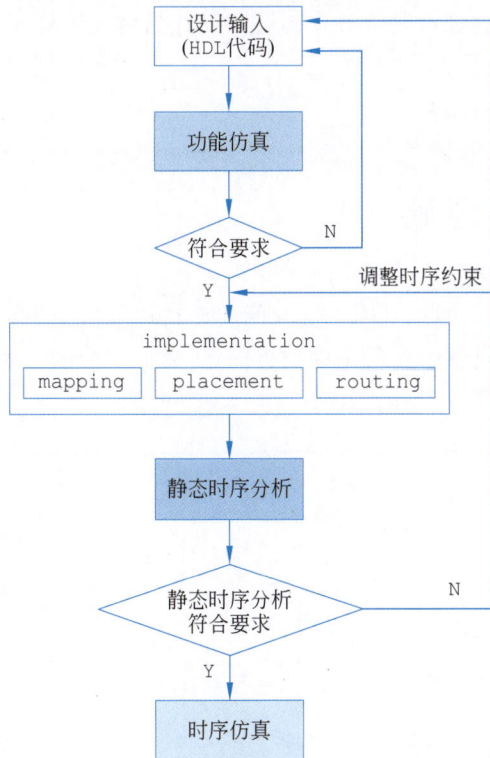

图 4.1　FPGA 验证流程

本教材介绍两种验证方法,动态仿真和静态时序分析。动态仿真简称为仿真,"动态"一词主要强调与静态时序分析相比,需要给被测设计输入激励,通过分析输出结果的正确性达到验证的目的。与仿真不同,静态时序分析通过分析设计的时序关系来判定设计的正确性,不需要外部信号的作用。

4.1 动态仿真

仿真是指借助 EDA 仿真工具对所设计的电路输入测试激励,分析电路在测试激励的作用下得到的输出结果是否与理论结果一致的过程。

仿真一般分为功能仿真和时序仿真。

- 功能仿真不考虑信号时延等因素,主要验证电路的逻辑功能是否正确,确保代码实现的功能与设计要求一致。
- 时序仿真在选择具体器件并完成布局布线后进行,包含延时信息,用于分析电路的时序关系和性能。时序仿真的结果能够比较真实地反映设计的实际工作情况。

HDL 通常采用测试平台(Testbench)进行仿真验证。测试平台是为验证一个设计是否符合要求而搭建的一个平台。测试平台通过施加激励信号给被测设计(Design Under Test,DUT),并收集被测设计的输出响应,从而判断被测设计是否符合设计要求。测试平台与被测设备的连接关系如图 4.2 所示。

测试平台的功能主要包括:

- 产生激励信号,并且把激励信号作为被测设计的输入信号;
- 捕捉被测设计的响应;
- 检测设计的正确性;
- 评估验证目标的进展情况。

4.1.1 Testbench 基础

1. Testbench 的典型结构

图 4.3 给出了 Verilog HDL Testbench 的典型结构。从图中可知,Testbench 主要由 6 部分构成,其中前 3 部分在整个代码中的位置固定,后 3 部分的位置可以任意调换。响应结果收集部分为可选项,也可以没有。

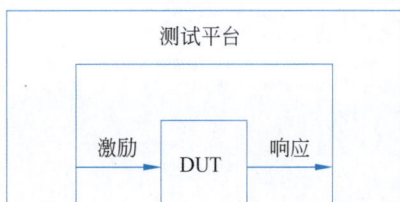

图 4.2 测试平台与 DUT 的连接关系

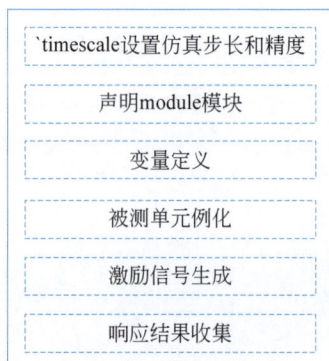

图 4.3 Testbench 典型结构

（1）`timescale 语句设置仿真步长和精度。

`timescale 语句用来指定仿真过程中的时间单位和精度，其格式如下：

`timescale 时间单位/时间精度

例如：

`timescale 1ns/10   间精度为 100ps

（2）声明 module

Testbench 声明模

module 模块名称；

由图 4.1 可知，te   统，与外部没有信息交互，因此，testbench 的模块没有

（3）变量定义。

变量的类型一般   具体的设计需求定义即可。变量类型的选择需要根据   试值，则一般定义为 wire 类型；如果是 initial 或 alway   型。

（4）被测单元例

该部分实现了   为被测单元提供测试激励（输入），被测单元的响应（输   比方法可参考 1.3 节介绍的元件例化语句。一般建议

（5）测试激励

该部分是 Tes   被测单元的输入激励，主要使用 initial、always 过程   的信号。

（6）响应结果

该部分是 Te   析一般有 3 种方法：波形观测分析法、打印结果分   证人员通过观测响应结果的仿真波形进行验证的方   HDL 的系统函数打印响应结果，验证人员可以分析   指将仿真结果写入文本，编写专门的程序代码，自动分   果采用观测法，则 Testbench 中不需要进行响应结   序分析法，则需要进行响应结果收集。

2. Testbench 常用语法

（1）initial 过程块语句。

initial 语句不带敏感信号列表，只执行一次。initial 语句一般用于编写测试代码，用来产生激励信号。一个 Testbench 代码中可以有多个 initial 过程块语句。

initial 过程块语句内部用块标识符 begin…and 封装的代码称为串行块，用块标识符 fork…join 封装的代码称为并行块。

注意： ①initial 语句不能被综合；②initial 过程块中的被赋值变量的类型为 variable 类型，最常用的是 reg 类型。

【例 4.1】 initial 过程块生成两个 1 位二进制数据的 4 种组合（begin…end 串行块）。

```
reg a,b;
initial
  begin
    #0    a=0;b=0;//0 时刻
    #20   a=0;b=1;//相比于上一条语句延时 20 个时间单位(相比于 0 时刻,延时 20 个时间单位)
    #20   a=1;b=0;//相比于上一条语句延时 20 个时间单位(相比于 0 时刻,延时 40 个时间单位)
    #20   a=1;b=1;//相比于上一条语句延时 20 个时间单位(相比于 0 时刻,延时 60 个时间单位)
  end
```

例 4.1 中,"#"代表延时,延时的数值由"#"后面跟的数值确定。延时的时间单位由 `timescale 中定义的时间单位确定。例如,如果 `timescale 1ns/1ps,则 #20 代表延时 20ns。

例 4.1 中的 initial 语句采用 begin…end 串行块,赋值语句是顺序执行的。赋值语句前面的延时是相对于上一条赋值语句的延时,因此相对于 0 时刻的延时是从 0 时刻开始所有延时的累加。图 4.4 给出了例 4.1 生成的信号波形。

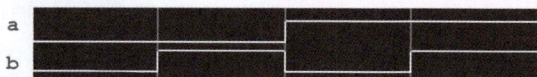

图 4.4 例 4.1 生成的信号波形

【例 4.2】 initial 过程块生成两个 1 位二进制数据的 4 种组合(fork…join 并行块)。

```
reg a,b;
initial
  fork
    #0    begin a=0;b=0;end    //0 时刻
    #20   begin a=0;b=1;end    //相对于 0 时刻延时 20 个时间单位
    #40   begin a=1;b=0;end    //相对于 0 时刻延时 40 个时间单位
    #60   begin a=1;b=1;end    //相对于 0 时刻延时 60 个时间单位
  join
```

例 4.2 中的 initial 语句采用 fork…join 并行块,赋值语句是并行执行的。赋值语句前面的延时是相对于 0 时刻的延时。因此,例 4.2 生成的信号波形与例 4.1 生成的信号波形是一样的。

注意:initial 过程块中的 fork…join 并行块在同一时刻对多个变量赋值时,需要用 begin…end 或 fork…join 加以限定。

下面的代码与例 4.2 的区别是在 fork…join 并行块中使用 fork…join 对多个变量进行了限定,其与例 4.2 生成的波形一致。

```
reg a,b;
initial
  fork
    #0    fork a=0;b=0;join   //0 时刻
    #20   fork a=0;b=1;join   //相对于 0 时刻延时 20 个时间单位
    #40   fork a=1;b=0;join   //相对于 0 时刻延时 40 个时间单位
    #60   fork a=1;b=1; join  //相对于 0 时刻延时 60 个时间单位
  join
```

（2）周期信号产生。

在时序逻辑电路中，需要时钟信号作为触发信号。时钟信号是一种典型的周期信号。

① forever 方法。

forever 方法无条件地执行其后面的语句，一般用在 initial 过程块中生成周期性信号。

【例 4.3】　forever 语句生成时钟信号。

```
initial
 begin
   clk=0;
 forever
   #10 clk=~clk;          //生成周期为 20 个时间单位的时钟信号·
end
```

② always 方法。

【例 4.4】　always 语句生成时钟信号。

```
initial
   begin
      clk=0;
   end

always
   begin
     #10 clk=~clk;          //生成周期为 20 个时间单位的时钟信号
end
```

例 4.4 中，always 后面不带敏感信号列表，代表无条件执行，所以可以生成无限循环的周期信号。

4.1.2　测试激励生成方法

图 4.5 给出了本教材总结的测试激励生成的 4 种方法，分别为列举法、计数法、for 循环法和读取文件法。本教材以 1 位全加器的 Testbench 编写为例，分别介绍以上 4 种方法，读者可以根据案例的测试文档学习测试文档的编写语法和规则。

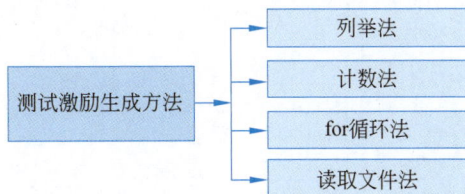

图 4.5　测试激励生成方法

表 4.1 给出了 1 位全加器的真值表。真值表的输入信号即为 Testbench 需要产生的激励信号，真值表的输出信号是 Testbench 响应的理论值，通过比较 Testbench 响应的实际值与理论值可以验证设计的正确性。

表 4.1 1 位全加器真值表

输入信号 （Testbench 激励信号）			输出信号 （Testbench 响应理论值）	
ci	a	b	co	s
0	0	0	0	0
0	0	1	0	1
0	1	0	0	1
0	1	1	1	0
1	0	0	0	1
1	0	1	1	0
1	1	0	1	0
1	1	1	1	1

1. 列举法

列举法即把输入的所有组合取值一一列举出来，作为输入依次作用于被测设计单元，根据被测设计单元的输出结果验证设计的正确性。

【例 4.5】 1 位全加器的 Testbench（列举法＋begin…end 串行块）。

```
`timescale 1ns/1ps        //定义时间单位和仿真步长
module tb_full_adder;      //定义模块,无端口列表
//定义变量
reg ci,a,b;
wire s,co;
//例化被测设计单元
full_adder u1 (
        .ci (ci),
        .a  (a),
        .b  (b),
        .s  (s),
        .co (co));

//initial串行块生成激励信号
initial
  begin
    #0    ci=0;a=0;b=0;
    #20   ci=0;a=0;b=1;
    #20   ci=0;a=1;b=0;
    #20   ci=0;a=1;b=1;
    #20   ci=1;a=0;b=0;
    #20   ci=1;a=0;b=1;
    #20   ci=1;a=1;b=0;
    #20   ci=1;a=1;b=1;
  end
endmodule
```

注意：Testbench 的结构。

图 4.6 给出了例 4.5 的仿真波形，输入激励从 000 到 111 共有 8 种组合，通过观测输出结果 s 和 co 的波形可以验证设计的正确性。

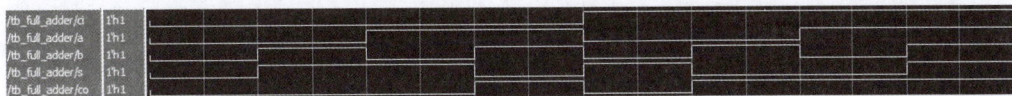

图 4.6 例 4.5 的仿真波形

【例 4.6】 1 位全加器的 Testbench（列举法＋fork…join 并行块）。

```
`timescale 1ns/1ps          //定义时间单位和仿真步长
module tb_full_adder;       //定义模块,无端口列表
//定义变量
reg ci,a,b;
wire s,co;
//例化被测设计单元
full_adder u1 (
        .ci (ci),
        .a  (a),
        .b  (b),
        .s  (s),
        .co (co));
//initial 并行块生成激励信号
initial
  fork
      #0     begin ci=0;a=0;b=0;end
      #20    begin ci=0;a=0;b=1;end
      #40    begin ci=0;a=1;b=0;end
      #60    begin ci=0;a=1;b=1;end
      #80    begin ci=1;a=0;b=0;end
      #100   begin ci=1;a=0;b=1;end
      #120   begin ci=1;a=1;b=0;end
      #140   begin ci=1;a=1;b=1;end
    join
endmodule
```

例 4.6 的仿真结果与图 4.6 相同。注意，例 4.6 中的并行块与例 4.5 中的串行块延时值的区别。例 4.6 中，fork…join 内部的 begin…end 可以换成 fork…join，可参考例 4.2 的代码形式。

2. 计数法

列举法比较简单，但是当输入变量增加时，组合的情况会随之增多，增加了代码编写的工作量，而且容易出错，因此可以考虑用计数法遍历所有输入的组合情况。

【例 4.7】 1 位全加器的 Testbench（计数法）。

```
`timescale 1ns/1ps          //定义时间单位和仿真步长
module tb_full_adder;       //定义模块,无端口列表

//定义变量
```

```
wire ci,a,b;
wire s,co;
reg clk;
reg [2:0] cnt;

//例化被测设计单元
full_adder u1 (
        .ci (ci),
        .a  (a),
        .b  (b),
        .s  (s),
        .co (co));

//生成时钟信号
initial
  begin
    clk=0;
    forever
     #10 clk=~clk;
  end

//计数值初始化
initial
  begin
    cnt=0;
  end

//always 过程语句实现计数
always@ (posedge clk)
  begin
    cnt=cnt+1;
  end

//将计数值赋值给激励信号
assign ci=cnt[2];
assign a=cnt[1];
assign b=cnt[0];
endmodule
```

注意：always、assign 等常用语法功能也可以用来写 Testbench。

例 4.7 中，计数法需要时钟进行计数，因此需要生成时钟信号。此外，还需要将计数值赋值给激励信号。图 4.7 为例 4.7 的仿真波形。计数值 cnt 从 0 到 7 实现了 8 种组合的遍历。cnt 的 3 位二进制数值分别对应 3 个测试激励信号 ci、a 和 b。

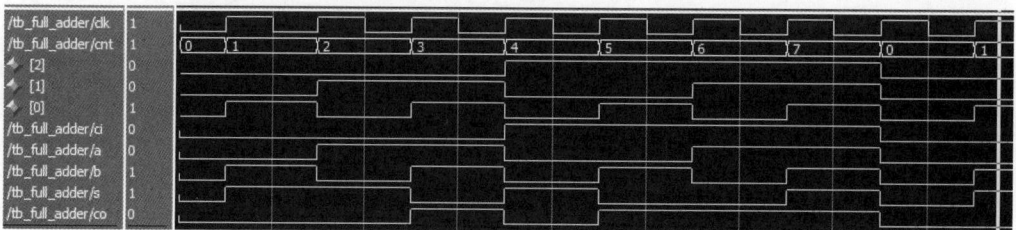

图 4.7　例 4.7 的仿真波形

3. for 循环法

for 循环法指用 for 循环的循环变量遍历测试激励的所有组合。

【例 4.8】 1 位全加器的 testbench(for 循环法,图 4.8)。

```verilog
`timescale 1ns/1ps
module tb_full_adder;

  wire ci,a,b;
  wire s,co;
  reg[2:0] i;        //for 循环变量

  full_adder u1 (
          .ci (ci),
          .a  (a),
          .b  (b),
          .s  (s),
          .co (co));
  initial
   begin
     for(i=0;i<=7;i=i+1)
         #10;
    end

  assign ci=i[2];
  assign a=i[1];
  assign b=i[0];

endmodule
```

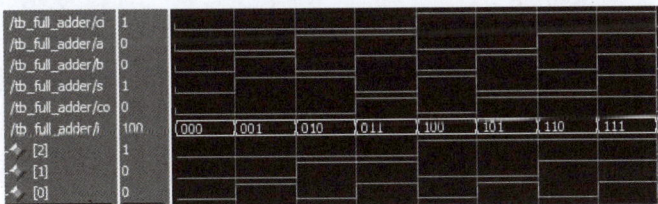

图 4.8 例 4.8 仿真波形

4. 读取文件法

读取文件法是指通过读取存有激励信号数据的文档来产生激励信号。该方法在以下情况下比较常用:输入数据量大;数据来自第三方软件或者实际采样信号。

【例 4.9】 1 位全加器的 Testbench(读取文件法)。

```verilog
`timescale 1ns/1ps              //定义时间单位和仿真步长
module tb_full_adder;           //定义模块,无端口列表

//定义变量
wire ci,a,b;
wire s,co;
```

```verilog
integer fp_r;
reg[2:0]  din;
reg rst_n,clk;

//例化被测设计单元
full_adder u1 (
        .ci (ci),
        .a  (a),
        .b  (b),
        .s  (s),
        .co (co));

//生成复位信号
initial
    begin
        rst_n=0;
        #20  rst_n=1;
    end

//生成时钟信号
initial
    begin
     clk=0;
     forever
      #10 clk=~clk;
    end

//打开文件
    initial
     begin
      fp_r=$fopen("din.txt","r");//以读操作模式打开文件 din.txt
     end

//读取文件
    always@(negedge rst_n,posedge clk)
        begin
            if (!rst_n)
               din<='b0;
            else
        begin
            if (! $feof(fp_r))              //文档未到结束位置
                $fscanf(fp_r,"%b",din);     //将文件内容写入变量 din
               else
                  din<='b0;
        end
    end

//将文件数据赋值给激励信号
assign ci=din[2];
assign a=din[1];
```

```
assign b=din[0];

endmodule
```

例 4.9 使用了读取文件的系统函数 $fopen、$feof 和 $fscanf。图 4.9 为 din.txt 中的内容，需要手动输入。图 4.10 为本例的仿真波形图。

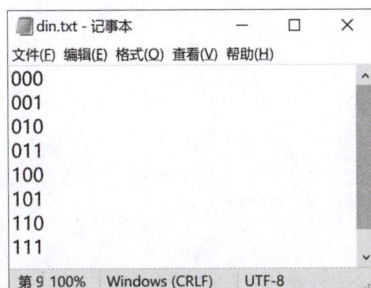

图 4.9　din.txt 文件内容

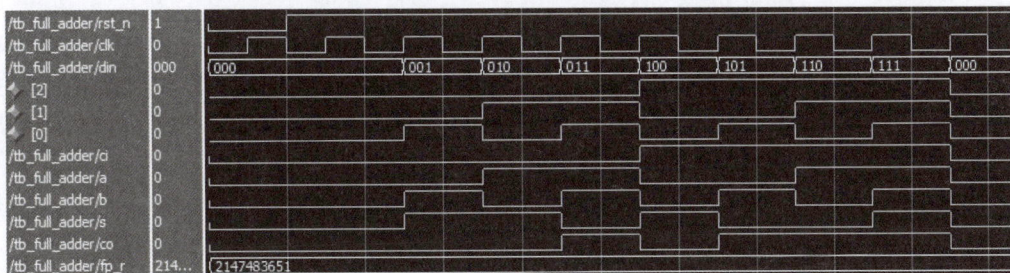

图 4.10　例 4.9 的仿真波形

4.1.3　响应结果收集

例 4.5 到例 4.9 中的代码都没有响应结果收集功能，只能通过观测仿真波形验证仿真结果。响应结果收集功能可以支持直接得到响应结果的数值信息，如图 4.11 所示，响应结果的收集可以分为两类：系统函数打印法和写文件法。

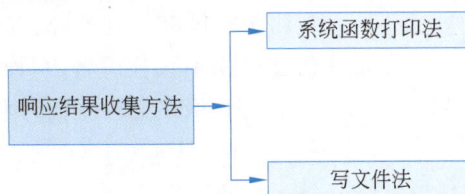

图 4.11　响应结果收集方法

【例 4.10】　1 位全加器的 Testbench(列举法＋串行块＋系统函数打印法)。

```
`timescale 1ns/1ps          //定义时间单位和仿真步长
module tb_full_adder;       //定义模块,无端口列表

//定义变量
```

```
reg ci,a,b;
wire s,co;

//例化被测设计单元
full_adder u1 (
        .ci (ci),
        .a  (a),
        .b  (b),
        .s  (s),
        .co (co));

//initial 串行块生成激励信号
initial
  begin
    #0    ci=0;a=0;b=0;
    #20   ci=0;a=0;b=1;
    #20   ci=0;a=1;b=0;
    #20   ci=0;a=1;b=1;
    #20   ci=1;a=0;b=0;
    #20   ci=1;a=0;b=1;
    #20   ci=1;a=1;b=0;
    #20   ci=1;a=1;b=1;
  end
//响应结果收集
initial
  begin
    $monitor($time, ,co,s);
                       //打印仿真结果及对应的起止时刻,两个逗号之间有空格,以便显示
  end

endmodule
```

```
#              0 00
#             20 01
#             60 10
#             80 01
#            100 10
#            140 11
```

图 4.12   例 4.10 打印的
响应结果信息

图 4.12 给出了系统函数语句"$monitor($time,,co,s);"打印的响应结果信息。可以发现,只有在输出值发生改变时才打印响应结果信息。

【例 4.11】 1 位全加器的 Testbench(读取文件法+写文件法)。

观测法的优点是直观,缺点是当数据量过大时,一一观测仿真结果不仅耗时费力,而且容易出错。因此,可以将响应结果写入文件,编写如 C、MATLAB 等高级语言程序代码来验证响应结果。例如:

```
`timescale 1ns/1ps          //定义时间单位和仿真步长
module tb_full_adder;       //定义模块,无端口列表

//定义变量
wire ci,a,b;
wire s,co;
integer fp_r,fp_w;
reg[2:0]  din;
reg rst_n,clk;
```

```verilog
integer cnt;
reg dout_valid;
reg cnt_en;
reg[1:0] state,next_state;

//例化被测设计单元
full_adder u1 (
          .ci (ci),
          .a  (a),
          .b  (b),
          .s  (s),
          .co (co));

//生成复位信号
initial
  begin
      rst_n=0;
    #20 rst_n=1;
  end

//生成时钟信号
initial
  begin
    clk=0;
    forever
    #10 clk=~clk;
  end

//打开文件
    initial
      begin
        fp_r=$fopen("din.txt","r");      //以读操作模式打开 din.txt 文件,读取激励数据
        fp_w=$fopen("dout.txt","w");     //以写操作模式打开 dout.txt 文件,写入响应数据
      end
//读取文件
  always@ (negedge rst_n,posedge clk)
    begin
        if (!rst_n)
            din<='b0;
        else
            begin
              if (! $feof(fp_r))                      //文档未到结束位置
                    $fscanf(fp_r,"%b",din);           //将文件内容写入变量 din
              else
                    din<='b0;
            end
      end

//将文件数据赋值给激励信号
assign ci=din[2];
assign a=din[1];
assign b=din[0];

//状态机转换控制计数器
```

```verilog
        always@ (negedge rst_n,posedge clk)
          begin
             if (!rst_n)
                cnt<=0;
             else
                begin
                  if (cnt_en) begin
                    if ($feof(fp_r)) //文件结束
                      cnt<=0;
                    else
                      cnt<=cnt+1;
                    end
                  else
                    cnt<=0;
             end
          end

//三段式状态机实现输出数据有效标志
//第一段状态刷新
   always@ (negedge rst_n,posedge clk)
    begin
        if (!rst_n)
           state<=2'b00;
        else
           state<=next_state;
    end

//第二段确定 next_state
always@ (cnt,state,rst_n)
    begin
      case(state)
        2'b00: begin
                 if(rst_n)
                    next_state<=2'b01;
                 else
                    next_state<=2'b00;
             end
        2'b01: begin
                 if (cnt==7)
                    next_state<=2'b10;
                 else
                    next_state<=2'b01;
              end
        2'b10:   next_state<=2'b10;
        default:next_state<=2'b00;
      endcase
   end

//第三段确定输出值
```

```
always@(state)
    begin
        case (state)
            2'b00:dout_valid<=1'b0;
            2'b01:dout_valid<=1'b1;
            2'b10:dout_valid<=1'b0;
            default:dout_valid<=1'b0;
        endcase
    end

//生成计数器计数使能信号
always@(state)
    begin
        case (state)
            2'b00:cnt_en<=1'b0;
            2'b01:cnt_en<=1'b1;
            2'b10:cnt_en<=1'b0;
            default:cnt_en<=1'b0;
        endcase
    end

//响应结果写入文件
always@(posedge clk)
    begin
        if (dout_valid)//输出数据标志位有效
            $fwrite(fp_w,"%b\n",{co,s});  //响应结果写入文件 dout.txt
        end

endmodule
```

本例为了能够根据输入激励信号将对应的响应结果写入文档,增加了写数据有效标志信号。图 4.13 为仿真波形图,其中的信号 dout_valid 为写数据有效标志信号。如例 4.11 中代码所示,dout_valid 信号是由状态机生成的。图 4.14 为激励信号输入文件 din.txt 和响应结果输出文件 dout.txt。本例中的 din.txt 文件内容需要手动写入,dout.txt 文件内容由代码自动生成。

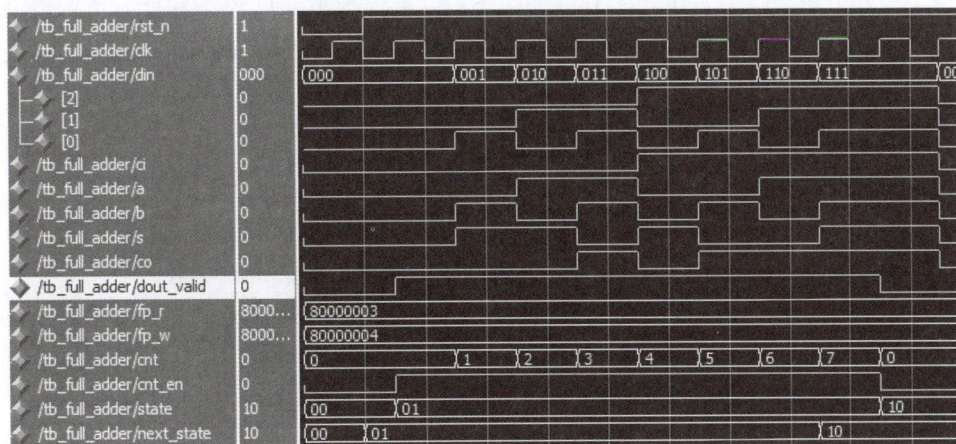

图 4.13 例 4.11 的仿真波形

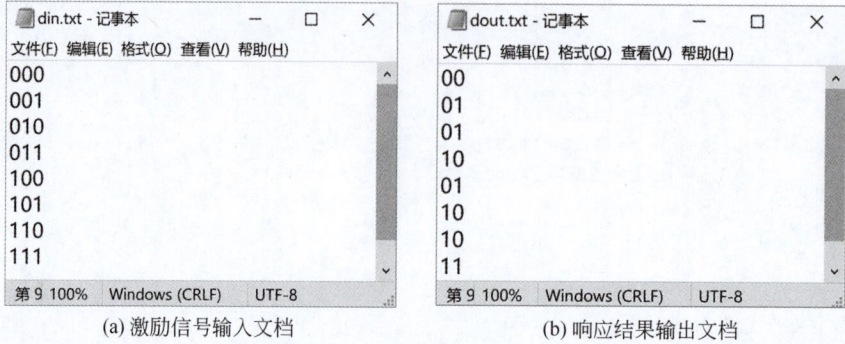

(a) 激励信号输入文档   (b) 响应结果输出文档

图 4.14   例 4.11 的读写文档内容

表 4.2 给出了本章案例所用的系统函数,可结合具体的案例代码分析每个系统函数的应用,具体的语法格式可查阅相关文献。

表 4.2   本章案例所用系统函数小结

关　键　词	功　　能	参 考 案 例
$fopen	打开文件	例 4.8、例 4.10
$feof	文件结束	例 4.8、例 4.10
$fscanf	读取文件内容,并写入变量	例 4.8、例 4.10
$monitor	监测变量的值	例 4.9
$time	当前仿真时刻	例 4.9
$fwrite	将数值写入文件	例 4.10

4.2   静态时序分析

4.2.1   静态时序分析简介

静态时序分析(Static Timing Analysis,STA)是一种重要的逻辑验证方法,它不需要激励向量,只分析时序是否满足时序约束条件,但并没有进行逻辑功能上的验证。其主要特点如下。

(1) 静态时序分析是一种验证方法。

(2) 静态时序分析的前提是同步逻辑设计。

(3) 静态时序分析工具通过路径计算延迟的总和,并比较相对于预定义时钟的延迟。

(4) 静态时序分析仅关注时序之间的相对关系,而不是评估逻辑功能。

(5) 无须用向量激活某个路径,对所有的时序路径进行错误分析,能处理百万门级的设计,分析速度比时序仿真工具快几个数量级。在同步逻辑的情况下,可以达到 100% 的时序路径覆盖。

(6) 静态时序分析的目的是找出隐藏的时序问题,根据时序分析结果优化逻辑或约束条件,使设计达到时序收敛。

4.2.2 静态时序分析的专业术语

(1) 时序约束(Timing Constraints)是指在逻辑综合、布局布线或静态时序分析时,在 EDA 工具中指定信号的频率/周期、占空比、时延等约束条件,EDA 工具根据设定的约束条件来执行特定的功能。

(2) 时序收敛(Timing Closure)又称为时序闭合,是指通过在逻辑综合工具、布局布线工具中指定时序约束条件以进行综合布局布线,然后根据静态时序分析的结果,经过优化设计或修改约束条件后,使设计满足时序约束条件。

(3) 关键路径(Critical Path)通常是指同步逻辑电路中组合逻辑时延最大的路径。也就是说,关键路径是对设计性能起决定性影响的时序路径。静态时序分析能够找出逻辑电路的关键路径。

(4) 到达时间(Arrival Time)指信号到达电路指定位置所需要经历的时间。一般将时钟信号的到达时间作为参考时间,或为零时刻。为了计算到达时间,需要进行该路径上所有组件的延迟计算。到达时间通常涉及一对数据,即信号改变后可能的最早到达时间和最晚到达时间。

(5) 需求时间(Required Time)是指信号能够到达且不至于使整体电路违背时序的设计要求。

(6) 时间裕量(Slack)是指需求时间与到达时间之间的差值。一个正的裕量表示该路径满足时序约束条件。相反地,负的裕量则表示路径不满足时序约束条件,需要修改和优化逻辑,直到设计满足要求。

4.2.3 静态时序分析原理

1. STA 的三类路径

如图 4.15 所示,静态时序分析将逻辑电路中的路径分为 3 类:

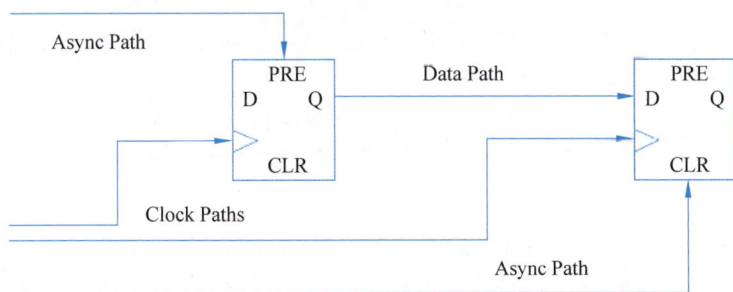

图 4.15 STA 中的 3 类路径

(1) 时钟路径(Clock path);

(2) 数据路径(Data path);

(3) 异步路径(Async path)。

静态时序分析主要分析时钟路径与数据路径之间的时序关系。

2. 启动边沿与锁存边沿

如图 4.16 所示,REG1 为源触发器,REG2 为目标触发器。

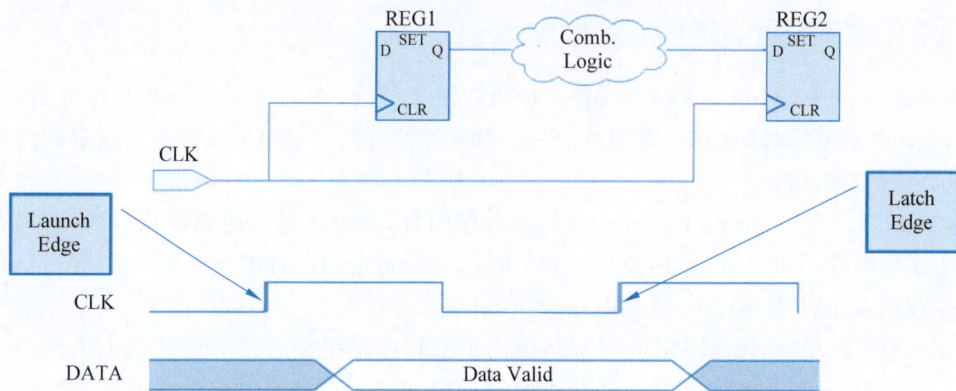

图 4.16　启动边沿和锁存边沿

（1）启动边沿（Launch Edge）是从源触发器"启动"数据传输的时钟边沿。

（2）锁存边沿（Latch Edge）是在目标触发器接收数据的时钟边沿。锁存边沿是静态时序分析工具根据启动边沿自动选择的，通常二者之间为一个时钟周期。

3. 建立时间和保持时间

如图 4.17 所示，为了能够实现触发器在 CLK 时钟上升沿正确地对 DATA 进行采样，DATA 需要满足建立时间和保持时间。

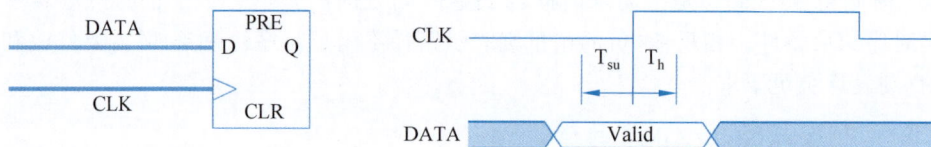

图 4.17　建立时间和保持时间

（1）建立时间（Setup Time）是指在时钟边沿到来之前，数据需要达到稳定状态的最短时间，如图 4.17 中的 T_{su}。

（2）保持时间（Hold Time）是指时钟边沿到来后，数据需要保持稳定状态的最小时间，如图 4.17 中的 T_h。

建立时间和保持时间形成了一个数据需求时间窗口，即时钟边沿前后的数据必须稳定的时间。

4. 数据到达时间

数据到达时间（Data Arrival Time）是指数据到达目标触发器数据输入端的时间。

如图 4.18 所示，数据到达时间以时钟启动边沿为基准，数据到达目标触发器 REG2 数据输入端口 D 所需的时间为

$$\text{Data Arrival Time} = \text{Launch Edge} + T_{clk1} + T_{co} + T_{data} \tag{4.1}$$

其中，T_{clk1} 为时钟信号从时钟管脚到源触发器 REG1 时钟输入端所需的时间。

T_{co} 为触发器的数据从时钟信号启动沿开始到有效数据输出的最大延时。

T_{data} 为数据从源寄存器的数据输出端口 Q 到目标触发器的数据输入端口 D 的延时。

T_{clk1}、T_{co}、T_{data} 的路径信息及时序关系可参考图 4.18。

5. 时钟达到时间

时钟到达时间（Clock Arrival Time）是指时钟到达目标触发器时钟输入端的时间。

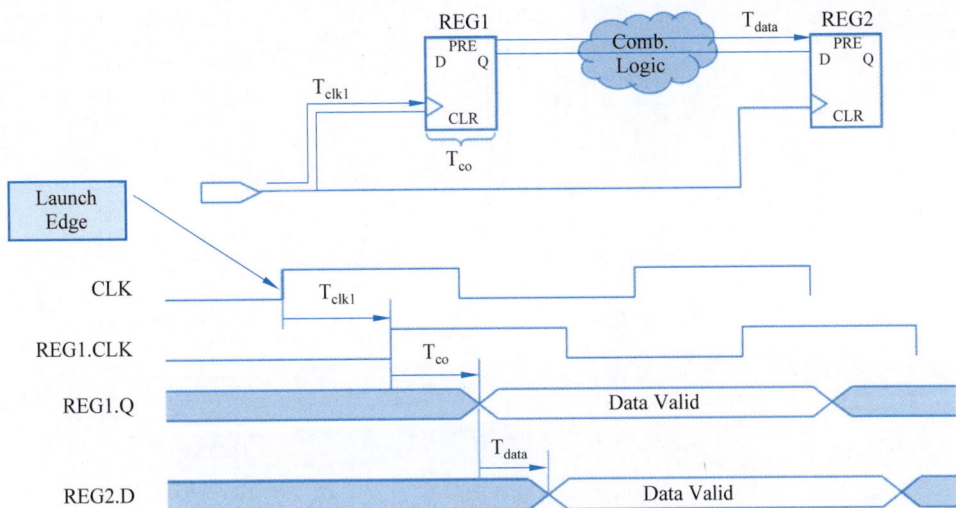

图 4.18　数据到达时间

如图 4.19 所示，时钟到达时间以时钟锁存边沿为基准，时钟到达目标触发器 REG2 时钟输入端口所需的时间为

$$Clock\ Arrival\ Time = Latch\ Edge + T_{clk2} \tag{4.2}$$

其中，T_{clk2} 为时钟信号从时钟管脚到目标触发器 REG2 时钟输入端所需的时间。

T_{clk2} 的路径信息及时序关系可参考图 4.19。

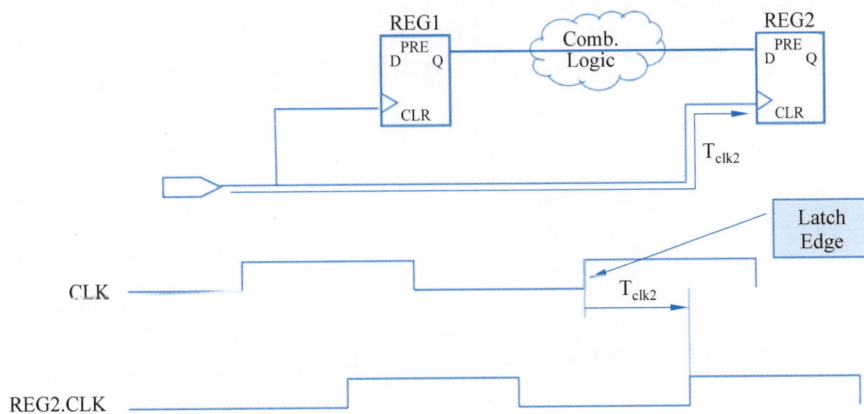

图 4.19　时钟到达时间

6. 数据需求时间—建立时间

如图 4.20 所示，数据需求时间—建立时间（Data Required Time-Setup）以时钟达到时间为基准，在时钟到达时刻之前的建立时间为

$$Data\ Required\ Time_{(setup)} = Clock\ Arrival\ Time - T_{su} - Setup\ Uncertainty \tag{4.3}$$

其中，Clock Arrival Time 可由式(4.2)计算得到。T_{su} 为时序约束条件所需要的建立时间。Setup Uncertainty 为考虑时钟抖动等因素带来的不确定时间。数据需求时间-建立时间的路径信息和时序关系可参考图 4.20。

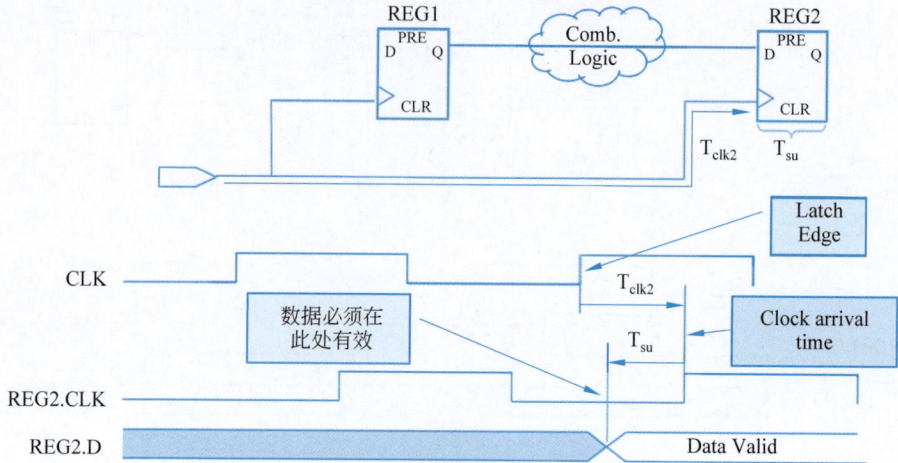

图 4.20　数据需求时间-建立时间

7. 数据需求时间-保持时间

如图 4.21 所示,数据需求时间-保持时间(Data Required Time-Hold)以时钟达到时间为基准,在时钟到达时刻之后的保持时间为

$$\text{Data Required Time}_{(hold)} = \text{Clock Arrival Time} + T_h + \text{Hold Uncertainty} \qquad (4.4)$$

其中,Clock Arrival Time 可由式(4.2)计算得到。T_h 为时序约束条件所需要的保持时间。Hold Uncertainty 为考虑时钟抖动等因素带来的不确定时间。数据需求时间-保持时间的路径信息和时序关系可参考图 4.21。

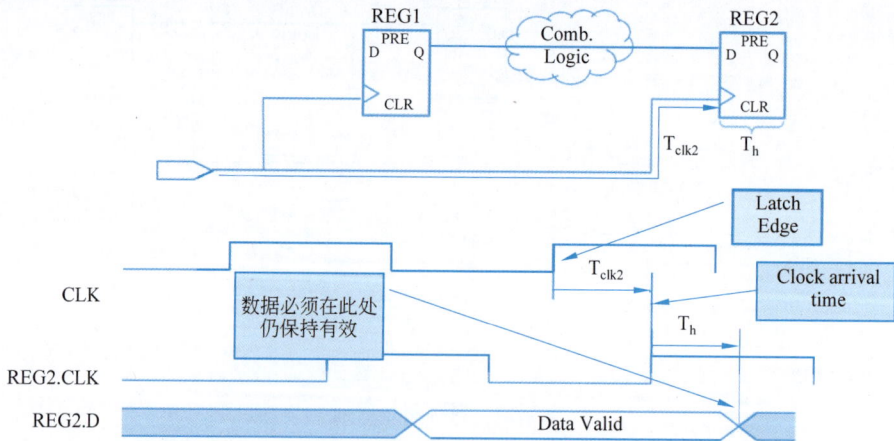

图 4.21　数据需求时间-保持时间

8. 建立时间裕量

建立时间裕量(Setup Slack)是指数据到达时间与数据需求时间-建立时间的时间差值。为了能够正确地实现数据采样,该差值应为正值,即数据要比需求时间提前

$$\text{Setup Slack} = \text{Data Required Time}_{(setup)} - \text{Data Arrival Time} \qquad (4.5)$$

其中,Data Required Time$_{(setup)}$ 可由式(4.3)计算得到,Data Arrival Time 可由式(4.1)计算得到。若 Setup Slack 为正值,则说明满足时序要求,否则不满足时序要求。建立时间裕量的路径信息和时序关系可参考图 4.22。

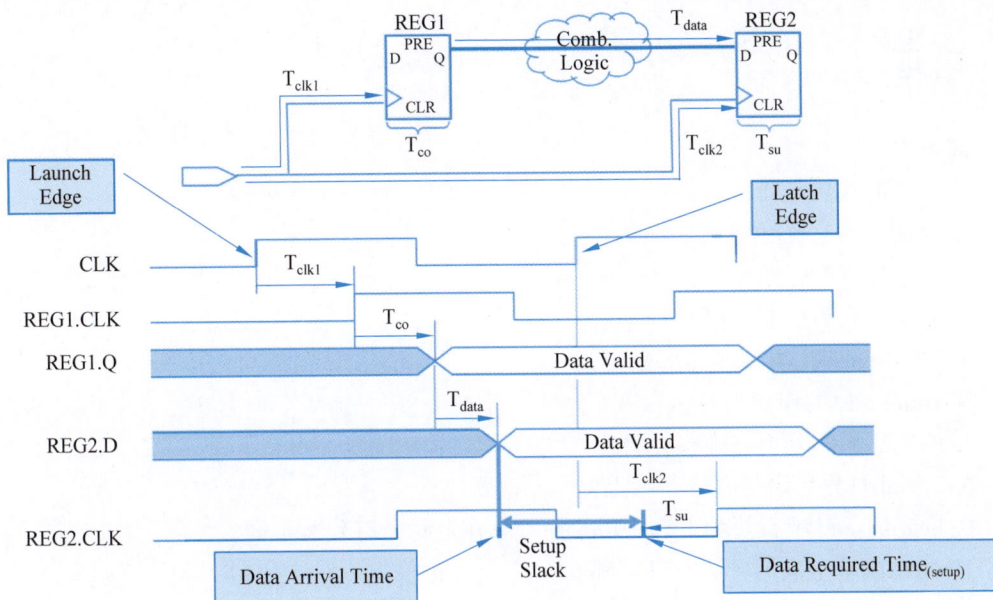

图 4.22 建立时间裕量

9. 保持时间裕量

保持时间裕量(Hold Slack)是指数据需求时间-保持时间与下一个数据的到达时间的时间差值。为了能够正确地实现数据采样,该差值应为正值,即下一个数据的到达要比需求时间滞后

$$\text{Hold Slack} = \text{Data Arrival Time} - \text{Data Required Time}_{(\text{hold})} \tag{4.6}$$

其中,Data Arrival Time 可由式(4.1)计算得到,Data Required Time$_{(\text{hold})}$ 可由式(4.4)计算得到。若 Hold Slack 为正值,则说明满足时序要求,否则不满足时序要求。保持时间裕量的路径信息和时序关系可参考图 4.23。

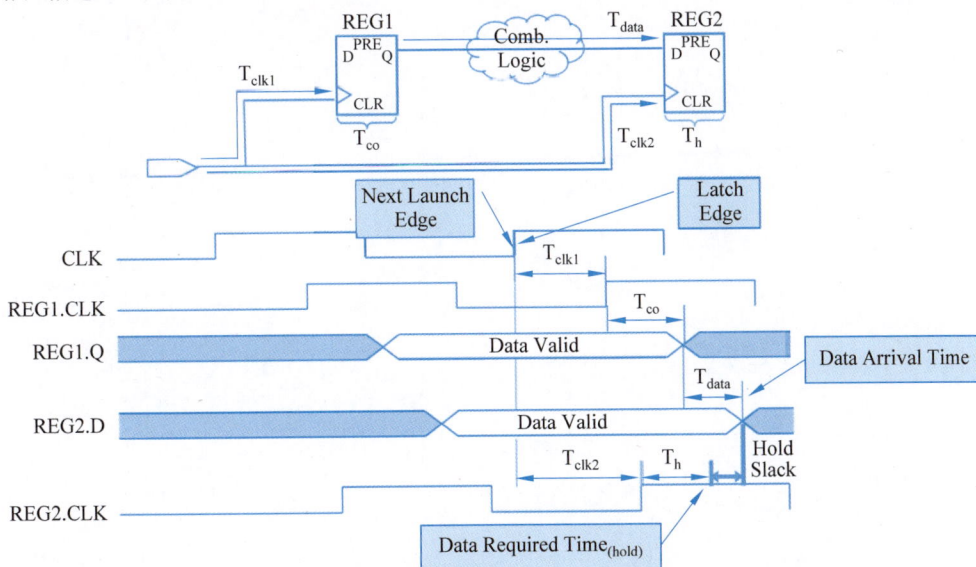

图 4.23 保持时间裕量

习题

简述题

1. 验证的作用是什么？

2. 验证的方法有哪些？

3. 动态仿真有哪两类？各有什么特点？

4. 测试平台的功能有哪些？

5. Testbench 主要由哪 6 部分构成？

6. `timescale 的作用是什么？

7. 响应结果的分析有哪些方法？

8. initial 过程块语句有哪些特点？

9. begin…end 串行块和 fork…join 并行块在定时上有什么不同？

10 测试激励生成的方法有哪三种？

11. 响应结果的收集方法有哪两种？

12. 静态时序分析的特点有哪些？

13. 请解释静态时序分析中的时序约束、时序收敛、关键路径、达到时间、需求时间、Slack 这些基本术语的含义。

14. 静态时序分析将逻辑电路中的路径分为哪三类？

15. 什么是启动边沿和锁存边沿？

16. 什么是建立时间和保持时间？

## 第 5 章

综 合 案 例

本章结合前面介绍的内容,将给出 7 个综合设计案例。本章案例的选择考虑的主要因素如下。

1. 案例实现的复杂度

案例主要面向教学,案例不能太简单或过于复杂,应既能锻炼基于 Verilog HDL 的数字系统设计能力,又能单独作为案例进行教学内容安排。

2. 案例内容的知识领域

案例内容的选择涵盖高等学校电子信息相关专业的主要知识内容,内容涵盖数值计算、信号生成、数字信号处理、数字通信等。

3. 案例的实现方法

案例注重对学生的综合能力的培养,除了熟练运用 Verilog HDL 知识实现数字系统设计以外,还锻炼学生善于结合现成可用的 IP 核以及第三方软件的能力,在实现比较复杂的系统功能的同时提高设计效率。通过对本章案例的学习,可以为实现更加复杂的工程案例奠定坚实的基础。

4. 国产芯片生态建设

本章的 FFT 幅频特性分析案例采用高云半导体的 FFT IP 核和复数乘法器 IP 核,旨在为国产芯片及 EDA 工具的生态建设贡献一份微薄之力。

本章的 7 个案例题目分别为:

- 数值计算;
- 信号生成;
- 数字混频;
- 数字滤波;
- FFT 幅频特性分析;
- BPSK 调制解调;
- DBPSK 调制解调。

5.1 数值计算

1. IEEE 754 单精度浮点乘法运算

32 位 IEEE 754 标准的浮点数的数据格式如图 5.1 所示。

sign 1-bit	exponent 8-bit	mantissa 23-bit

图 5.1　IEEE 754 单精度浮点数据格式

IEEE 754 标准的单精度浮点数的数据格式为 3 部分。

(1) 符号(sign)：占用 1 位，1 代表负，0 代表正。

(2) 指数(exponent)：占用 8 位，存储数据的科学计数法中的指数部分，但增加了一个偏移量。

(3) 尾数(mantissa)：占用 23 位，存储数据的小数部分。

如图 5.2 所示，p、q 是两个 IEEE 754 标准浮点数，每个数据由三部分组成：符号 s、指数 e 和尾数 m。当实现 $s = p \times q$ 时，两个符号位进行 XOR 运算，表达式为 $s_s = e_p$ XOR e_q。指数位分别从偏移量 127 中减去，然后求和，最后根据 IEEE 754 标准将 127 加到和中，表达式为 $e_s = e_p - 127 + e_q - 127 + 127$。尾数计算的表达式为 $rt = 1.m_p \times 1.m_q$，rt 的二进制表示为 $rt_1 rt_0 . rt_{-1} rt_{-2} \cdots rt_{-46}$。尾数最终的结果需要根据 rt_1 的取值进行选择，若 rt_1 为 1，则尾数结果为 $rt_0 rt_{-1} rt_{-2} \cdots rt_{-22}$；若 rt_1 为 0，则尾数结果为 $rt_{-1} rt_{-2} \cdots rt_{-23}$。指数根据 rt_1 是否为 1 进行调整。如果 rt_1 为 1，则指数需要加 1；如果 rt_1 为 0，则指数不变。

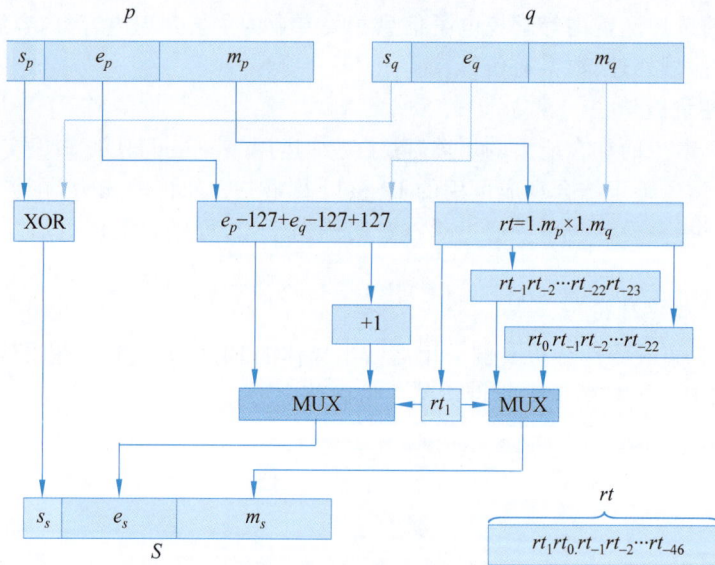

图 5.2　IEEE 754 单精度浮点乘法实现结构图

【例 5.1】　IEEE 754 单精度浮点乘法实现。

```
module mult_754 (input rst_n,clk,
                 input [31:0] din1,din2,
                 output reg[31:0] rt_o);

reg [7:0] exp_rt;
reg [7:0] exp_rt_o;
reg [47:0] meta_rt;
```

```verilog
reg [22:0] meta_rt_o;
reg [31:0] din1_r,din2_r;
wire [31:0] rt;

//数据输入
always@(posedge clk, negedge rst_n)
  begin
    if(!rst_n)
      begin
        din1_r<='b0;
        din2_r<='b0;
      end
    else
      begin
        din1_r<=din1;
        din2_r<=din2;
      end
end

//指数计算
always@(posedge clk, negedge rst_n)
  begin
    if(!rst_n)
        exp_rt<=8'b00000000;
    else
    begin
        if ((din1_r[30:23]==8'b0)&&(din2_r[30:23]==8'b0))
            exp_rt<=8'b0;
        else
            exp_rt<=(din1_r[30:23]-'d127)+(din2_r[30:23]-'d127)+'d127;
     end
end

//尾数计算
always@(posedge clk, negedge rst_n)
  begin
    if(!rst_n)
        meta_rt<=48'b0;
    else
        meta_rt<={1'b1,din1_r[22:0]} * {1'b1,din2_r[22:0]};
    end

//位数处理
always@ *
  begin
    case(meta_rt[47])
      1'b1: meta_rt_o<=meta_rt[46:24];
        default:meta_rt_o<=meta_rt[45:23];
     endcase
  end
```

```
//指数处理
  always@ *
  begin
   case(meta_rt[47])
     1'b1: exp_rt_o<=exp_rt+1'b1;
      default:exp_rt_o<=exp_rt;
    endcase
  end

//按 IEEE 754 单精度浮点数格式生成结果
assign  rt[31]=din1_r[31]^din2_r[31];
assign  rt[30:23]=exp_rt_o;
assign  rt[22:0]=meta_rt_o;

//结果输出
always@ (*)
  begin
     rt_o<=rt;
  end
endmodule
```

2. Mitchell 算法浮点乘法器

(1) Mitchell 算法原理。

乘法运算变为加法运算,最常见的方法是引入对数运算,如式(5.1)所示。

$$\begin{cases} p \times q = a^s \\ s = \log_a p + \log_a q \end{cases} \tag{5.1}$$

式(5.1)中的 p 和 q 是 a 进制下的非负数,虽然将乘法转为加法,但对数 $\log_a p$、$\log_a q$ 和指数 a^s 的计算同样不是一件容易的事情,所以要利用式(5.1)做乘法,关键在于要实现快速对数和指数运算。Mitchell 算法给出了对数和指数的近似计算方法。

假设数据 p 的二进制表示形式如式(5.2)所示。

$$z_n z_{n-1} \cdots z_1 z_0 . z_{-1} \cdots z_{-(m-1)} z_{-m} \tag{5.2}$$

其中 $z_n = 1$,且各个 $z_i \in \{0,1\}$,则 p 可以写成式(5.3)的形式。

$$p = 2^n + \sum_{i=-m}^{n-1} z_i 2^i = 2^n \left(1 + \sum_{i=-m}^{n-1} z_i 2^{i-n} \right) \tag{5.3}$$

令 $x = \sum_{i=-m}^{n-1} z_i 2^{i-n}$,并对式(5.3)求对数可得式(5.4)。

$$\log_2 p = \log_2 2^n (1+x) = n + \log_2 (1+x) \tag{5.4}$$

取 $\log_2(1+x) \approx x$,由式(5.4)可得到式(5.5)。

$$\log_2 p = \log_2 2^n (1+x) \approx n + x \tag{5.5}$$

其中 n 是整数部分,其值为 p 的二进制整数部分的位数减 1。x 是小数部分,其二进制表示如式(5.6)所示。

$$0.z_{n-1} \cdots z_1 z_0 z_{-1} \cdots z_{-(1-m)} z_{-m} \tag{5.6}$$

比较式(5.2)和式(5.6)可以发现,x 可以由 p 通过小数点平移得到。式(5.5)中的 n 和 x 都可以由 p 的二进制表示得到,实现了对数的近似计算。

指数的近似计算是对数运算的逆运算,因此,可得式(5.7)描述的 Mitchell 算法中对数和指数的近似计算表达式。式(5.7)中的 n 为整数,$x \in [0,1)$。

$$\begin{cases} \log_2 2^n (1+x) \approx n+x \\ 2^{n+x} \approx 2^n (1+x) \end{cases} \tag{5.7}$$

(2) Mitchell 算法误差分析。

假设有两个数 $p = 2^{n_1}(1+x_1)$ 和 $p = 2^{n_2}(1+x_2)$,由 Mitchell 算法可得式(5.8)。

$$\log_2 p + \log_2 q = n_1 + n_2 + x_1 + x_2 \tag{5.8}$$

① 当 $x_1 + x_2 < 1$ 时,近似的指数结果为 $2^{n_1+n_2}(1+x_1+x_2)$,近似程度如式(5.9)所示。

$$\frac{2^{n_1+n_2}(1+x_1+x_2)}{2^{n_1}(1+x_1)2^{n_2}(1+x_2)} = \frac{1+x_1+x_2}{1+x_1+x_2+x_1 x_2} \tag{5.9}$$

② 当 $x_1 + x_2 \geq 1$ 时,近似的指数结果为 $2^{n_1+n_2+1}(x_1+x_2)$,近似程度如式(5.10)所示。

$$\frac{2^{n_1+n_2+1}(1+x_1+x_2)}{2^{n_1}(1+x_1)2^{n_2}(1+x_2)} = \frac{2(x_1+x_2)}{1+x_1+x_2+x_1 x_2} \tag{5.10}$$

以上两种情况都是在 $x_1 = x_2 = 0.5$ 时取到最小值,其结果为 8/9,即最大的误差为 $1/9 \approx 11.1\%$。

(3) 基于 Mitchell 算法的单精度浮点乘法运算实现。

如图 5.3 所示,p、q 是两个 IEEE 754 标准浮点数,每个数据由三部分组成:符号 s、指数 e 和尾数 m。当使用 Mitchell 算法实现 $s = p \times q$ 近似时,两个符号位进行 XOR 运算,表达式为 $s_s = e_p \text{ XOR } e_q$。指数位分别从偏移量 127 中减去,然后求和,最后根据 IEEE 754 标准将 127 加到和中,表达式为 $e_s = e_p - 127 + e_q - 127 + 127$。尾数计算的表达式为 $C_s.m_s = 0.m_p + 0.m_q$,C_s 是进位。对指数根据 C_s 是否为 1 进行调整。如果 C_s 为 1,则指数需要加 1;如果 C_s 为 0,则指数不变。

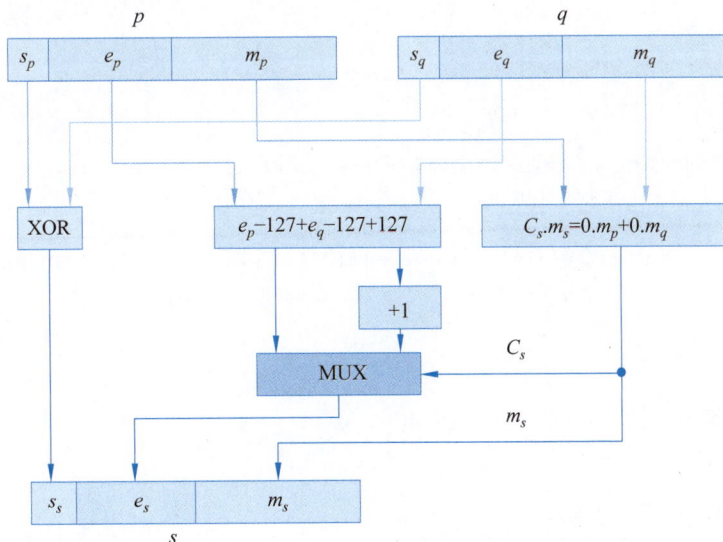

图 5.3 基于 Mitchell 算法的 IEEE 754 单精度浮点乘法实现结构图

【例 5.2】 基于 Mitchell 算法的 IEEE 754 单精度浮点乘法实现。

```verilog
module mitchell_754 (input rst_n,clk,
                     input [31:0] din1,din2,
                     output reg[31:0] rt_o);

reg [7:0] exp_rt;
reg [7:0] exp_rt_o;
reg [23:0] meta_rt;
reg [22:0] meta_rt_o;
reg [31:0] din1_r,din2_r;
wire [31:0] rt;

//数据输入
always@ (posedge clk, negedge rst_n)
  begin
    if(!rst_n)
      begin
       din1_r<='b0;
       din2_r<='b0;
      end
else
    begin
       din1_r<=din1;
       din2_r<=din2;
    end
end

//指数计算
always@ (posedge clk, negedge rst_n)
  begin
    if(!rst_n)
       exp_rt<=8'b00000000;
    else
      begin
        if ((din1_r[30:23]==8'b0)&&(din2_r[30:23]==8'b0))
             exp_rt<=8'b0;
        else
             exp_rt<=(din1_r[30:23]-'d127)+(din2_r[30:23]-'d127)+'d127;
      end
  end

//尾数计算
always@ (posedge clk, negedge rst_n)
  begin
    if(!rst_n)
       meta_rt<=24'b0;
    else
       meta_rt<=din1_r[22:0]+din2_r[22:0];
  end

//尾数处理
```

```
always@ *
  begin
    meta_rt_o<=meta_rt[22:0];
  end

//指数处理
always@ *
  begin
    case(meta_rt[23])
      1'b1: exp_rt_o<=exp_rt+1'b1;
      default:exp_rt_o<=exp_rt;
    endcase
  end

//按 IEEE 754 单精度浮点数格式生成结果
assign rt[31]=din1_r[31]^din2_r[31];
assign rt[30:23]=exp_rt_o;
assign rt[22:0]=meta_rt_o;

//结果输出
always@(*)
  begin
    rt_o<=rt;
  end
endmodule
```

3. 基于 IP 核的单精度浮点乘法运算实现

基于单精度浮点乘法器 IP 核的单精度浮点乘法运算实现(Altera IP 核)如图 5.4 所示。

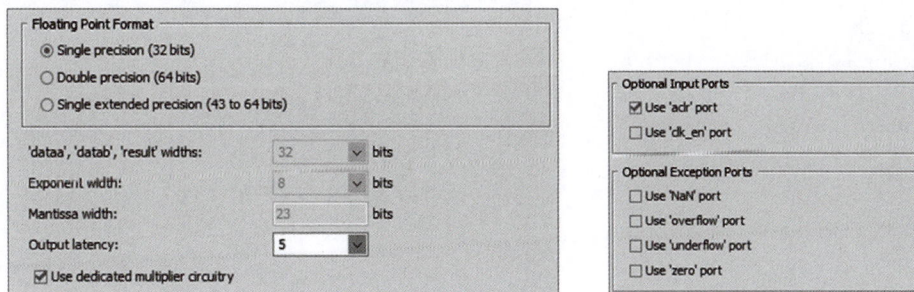

(a) IP核参数设置

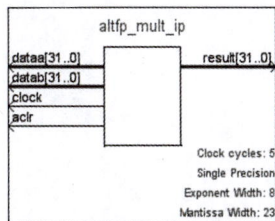

(b) 单精度浮点乘法器IP核端口

图 5.4　基于单精度浮点乘法器 IP 核的 IEEE 754 单精度浮点乘法运算

【例 5.3】 基于 IP 核的 IEEE 754 单精度浮点乘法实现。

```verilog
module mult_ip_754 (input rst_n,clk,
                    input [31:0] din1,din2,
                    output reg [31:0] rt_o);

wire [31:0] rt;

altfp_mult_ip  altfp_mult_ip_inst (
    .aclr (!rst_n),
    .clock (clk),
    .dataa (din1),
    .datab (din2),
    .result (rt)
    );

always@ *
  begin
    rt_o<=rt;
  end
endmodule
```

仿真结果如下。

Testbench 代码如下：

```verilog
`timescale 1ns/1ps
module tb_mult_float;

reg rst_n;                          //定义复位信号
reg clk;                            //定义时钟信号
reg [31:0] din1;                    //定义输入信号 1
reg [31:0] din2;                    //定义输入信号 2

wire [31:0]  rt_mult;               //例 5.1 浮点乘法器输出结果
wire [31:0]  rt_mitch;              //例 5.2 浮点乘法器输出结果
wire [31:0]  rt_mult_ip;            //例 5.3 浮点乘法器输出结果

//例化例 5.1 设计的浮点乘法器
mult_754 u1 (
    .clk(clk),
    .din1(din1),
    .din2(din2),
    .rst_n(rst_n),
    .rt_o(rt_mult));

//例化例 5.2 设计的 Mitchell 近似算法乘法器
mitchell_754 u2 (
    .clk(clk),
    .din1(din1),
```

```
    .din2(din2),
    .rst_n(rst_n),
    .rt_o(rt_mitch));

//例化例 5.3 设计的基于 IP 核的浮点乘法器
mult_ip_754 u3 (
    .clk(clk),
    .din1(din1),
    .din2(din2),
    .rst_n(rst_n),
    .rt_o(rt_mult_ip));

//生成复位信号、输入测试信号
initial
begin
    rst_n=1'b0;
    clk=1'b0;
  #100 rst_n=1'b1;
      din1=32'b01000010100001001010001111010111;        //66.32
      din2=32'b00111111100000000000000000000000;        //1.0
  #20  din2=32'b01000000000000000000000000000000;        //2.0
  #20  din2=32'b01000000010000000000000000000000;        //3.0
  #20  din1=32'b00111110101010001111010111000010 10;     //0.32
      din2=32'b00111110101010001111010111000010 10;      //0.32
  #20  din1=32'b01000001010001001100110011001100;        //12.3
      din2=32'b01000000100100011110101110000101;        //4.56

end

//生成周期为 20ns 的时钟信号
always
  begin
    #10 clk=~clk;
    end
endmodule
```

图 5.5 为 3 种浮点乘法器的仿真结果波形图,数值用十六进制表示。结果分析对比见表 5.1 和表 5.2。此外,由于本仿真用到了 Altera 的浮点乘法器 IP,因此在仿真时需要用到对应的 library。若用 ModelSim SE 版本,则需要进行 library 编译;若用 ModelSim AE 版本,则可直接添加需要的 library。本例需要添加的 library 为 220model_ver。

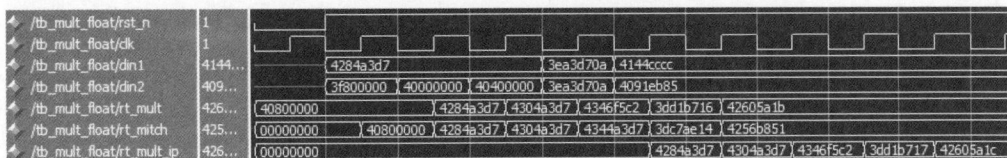

图 5.5　3 种浮点乘法器的仿真结果

表 5.1　基于 Mitchell 算法的单精度浮点乘法与原始单精度浮点乘法的结果对比

din1		din2		rt_mitch		rt_mult	
754 格式/H	十进制	754 格式	十进制	754 格式	十进制	754 格式	十进制
4284A3D7	66.32	3F800000	1	4284A3D7	66.319999694824	4284A3D7	66.319999694824
4284A3D7	66.32	40000000	2	4304A3D7	132.63999938965	4304A3D7	132.63999938965
4284A3D7	66.32	40400000	3	4344A3D7	196.63999938965	4346F5C2	198.95999145508
3EA3D70A	0.32	3EA3D70A	0.32	3DC7AE14	0.097499996423721	3DD1B716	0.10239998996258
4144CCCC	12.3	4091EB85	4.56	4256B851	53.679996490479	42605A1B	56.087993621826

表 5.2　基于 IP 的单精度浮点乘法与原始单精度浮点乘法的结果对比

din1		din2		rt_mult_ip		rt_mult	
754 格式/H	十进制	754 格式	十进制	754 格式	十进制	754 格式	十进制
4284A3D7	66.32	3F800000	1	4284A3D7	66.319999694824	4284A3D7	66.319999694824
4284A3D7	66.32	40000000	2	4304A3D7	132.63999938965	4304A3D7	132.63999938965
4284A3D7	66.32	40400000	3	4346F5C2	198.95999145508	4346F5C2	198.95999145508
3EA3D70A	0.32	3EA3D70A	0.32	3DD1B717	0.10239999741316	3DD1B716	0.10239998996258
4144CCCC	12.3	4091EB85	4.56	42605A1C	56.087997436523	42605A1B	56.087993621826

5.2　正弦波信号产生

1. 波形数据产生

借助 MATLAB 软件生成正弦波数据,MATLAB 代码如下:

```
clear;
close all
N=16;                        %一个周期取 16 个采样点
n=0:N-1;
x=0.5 * sin(2 * pi * n/N)+0.5;%无符号数生成表达式
%x=0.5 * sin(2 * pi * n/N);   %有符号数生成表达式
x=round(239 * x);            %量化取整,需要根据硬件 DAC 的位宽进行量化,在此选取 8 位
%为了防止取整后溢出,所以选择系数小于 255
figure(1)
plot(n,x);
```

本例中的每个正弦波周期采样 16 个点,即将 2π 整个周期分为 16 等份,每个采样点对应的弧度值分别为 $0, 2\pi/20, (2\pi/20) \times 2, \cdots, (2\pi/20) \times 15$,对应的正弦值如表 5.3 所示,生成的正弦波如图 5.6 所示。

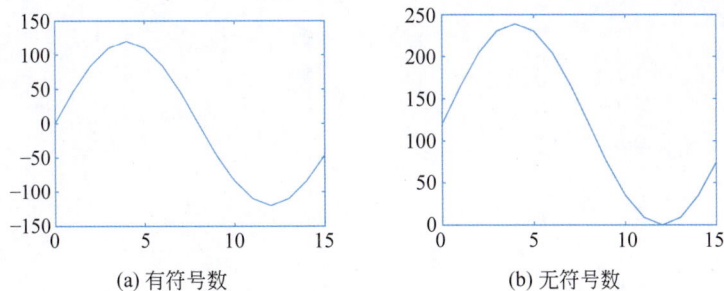

(a) 有符号数　　　　　　　　　　　(b) 无符号数

图 5.6　MATLAB 生成的正弦波

表 5.3　正弦波采样数据

弧　　度	无 符 号 数	有 符 号 数	弧　　度	无 符 号 数	有 符 号 数
0	120	0	$16\pi/16$	120	0
$2\pi/16$	165	46	$18\pi/16$	74	-46
$4\pi/16$	204	84	$20\pi/16$	35	-84
$6\pi/16$	230	110	$22\pi/16$	9	-110
$8\pi/16$	239	120	$24\pi/16$	0	-120
$10\pi/16$	230	110	$26\pi/16$	9	-110
$12\pi/16$	204	84	$28\pi/16$	35	-84
$14\pi/16$	165	46	$30\pi/16$	74	-46

　　注意：本例中的正弦波没有给出频率信息，这是因为在硬件实现时，正弦波的频率由采样时钟的频率决定。可以通过控制采样时钟的频率得到不同频率的正弦波。例如，当采样时钟的频率是 16MHz 时，一个周期完成 16 次采样，则正弦波的频率为 16MHz/16＝1MHz。

2. 基于 Verilog HDL 的正弦波信号发生器实现

　　图 5.7 给出了正弦波信号发生器的功能单元结构图，主要有地址产生单元和存储正弦波信号数据的 ROM 两个模块。

图 5.7　正弦波信号发生器的功能单元结构图

【例 5.4】　正弦波信号发生器实现（无符号数）。

（1）逻辑设计代码如下：

```
module sin_gen (input rst_n,clk,
                output reg[7:0] dout);


reg[3:0] adr;

//地址产生单元
always @ (negedge rst_n,posedge clk)
```

```
      begin
        if (!rst_n)
          adr<=4'b0;
        else
          begin
            if (adr==15)
              adr<=4'b0;
            else
              adr<=adr+1;
          end
      end

//用 case 语句实现的正弦波数据 ROM 表
always@(adr)
  begin
    case(adr)
      0:dout<=120;
      1:dout<=165;
      2:dout<=204;
      3:dout<=230;
      4:dout<=239;
      5:dout<=230;
      6:dout<=204;
      7:dout<=165;
      8:dout<=120;
      9:dout<=74;
      10:dout<=35;
      11:dout<=9;
      12:dout<=0;
      13:dout<=9;
      14:dout<=35;
      15:dout<=74;
      default: dout<=0;
    endcase
end
endmodule
```

（2）Testbench 代码如下：

```
`timescale 1ns/1ps

module tb_sin_gen;

reg rst_n;              //定义复位信号
reg clk1;               //定义正弦波 80MHz 时钟采样信号
reg clk2;               //定义正弦波 16MHz 时钟采样信号

wire [7:0] dout1,dout2;   //定义正弦波信号

//例化正弦波信号发生器 1,正弦波信号频率为 80M/16=5MHz
sin_gen  u1(.rst_n (rst_n),
          .clk   (clk1),
          .dout  (dout1));
```

```
//例化正弦波信号发生器 2,正弦波信号频率为 16M/16=1MHz
sin_gen  u2(.rst_n (rst_n),
             .clk   (clk2),
             .dout  (dout2));

//生成复位信号
initial
  begin
    #0   rst_n=0;
    #100 rst_n=1;
  end

//生成频率为 80MHz 的时钟信号
initial
  begin
    clk1=0;
    forever
      #6.25 clk1=~clk1;
  end

//生成频率为 16MHz 的时钟信号
initial
  begin
    clk2=0;
    forever
      #31.25 clk2=~clk2;
  end

endmodule
```

图 5.8 为本例正弦波信号发生器的仿真波形。图中,dout1 为 1MHz 的正弦波信号,dout2 为 5MHz 的正弦波信号。图 5.8(a)为原始采样值绘制的波形,图 5.8(b)为经过插值后绘制的波形。

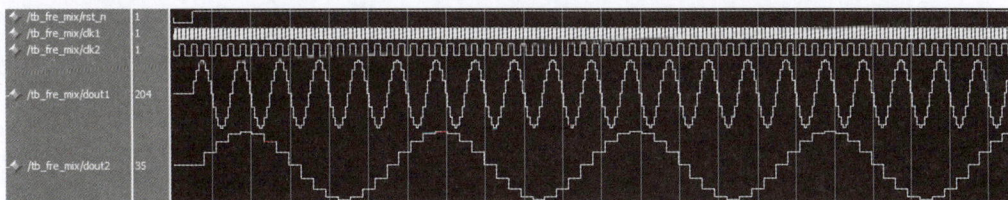

(a) 原始采样值波形图

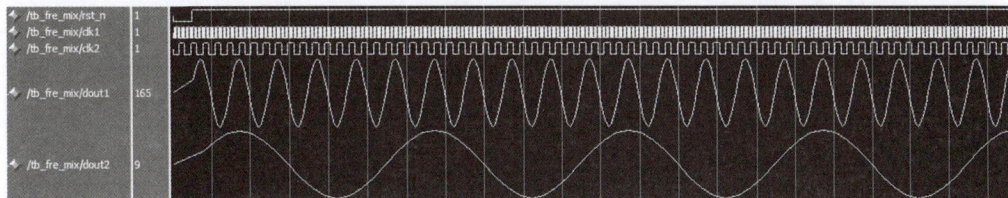

(b) 插值后的波形图

图 5.8　正弦波信号发生器的仿真波形

本例的时钟信号产生由 Testbench 产生,在实际的硬件实现时,可以考虑用锁相环(PLL)得到实际的采样时钟信号。

【例 5.5】 正弦波信号发生器实现(有符号数)。

(1) 逻辑设计代码如下:

```verilog
module sin_gen (input rst_n,clk,
                output reg signed [7:0] dout);        //signed关键词声明有符号数

reg[3:0] adr;

//地址产生单元
always @ (negedge rst_n,posedge clk)
  begin
    if (!rst_n)
      adr<=4'b0;
    else
      begin
        if (adr==15)
          adr<=4'b0;
        else
          adr<=adr+1;
      end
  end

//用 case 语句实现的正弦波数据 ROM 表
always@ (adr)
  begin
   case(adr)
     0:dout<=0;
     1:dout<=46;
     2:dout<=84;
     3:dout<=110;
     4:dout<=120;
     5:dout<=110;
     6:dout<=84;
     7:dout<=46;
     8:dout<=0;
     9:dout<=-46;
     10:dout<=-84;
     11:dout<=-110;
     12:dout<=-120;
     13:dout<=-110;
     14:dout<=-84;
     15:dout<=-46;
     default: dout<=0;
   endcase
  end
endmodule
```

（2）Testbench 代码如下：

```
`timescale 1ns/1ps

module tb_sin_gen;

reg rst_n;                      //定义复位信号
reg clk1;                       //定义正弦波 80MHz 时钟采样信号
reg clk2;                       //定义正弦波 16MHz 时钟采样信号

wire signed [7:0] dout1,dout2;  //signed 关键词声明有符号数

//例化正弦波信号发生器 1,正弦波信号频率为 80M/16=5MHz
sin_gen  u1(.rst_n (rst_n),
            .clk   (clk1),
            .dout  (dout1));

//例化正弦波信号发生器 2,正弦波信号频率为 16M/16=1MHz
sin_gen  u2(.rst_n (rst_n),
            .clk   (clk2),
            .dout  (dout2));

//生成复位信号
initial
  begin
    #0   rst_n=0;
    #100 rst_n=1;
  end

//生成频率为 80MHz 的时钟信号
initial
  begin
    clk1=0;
    forever
      #6.25 clk1=~clk1;
  end

//生成频率为 16MHz 的时钟信号
initial
  begin
    clk2=0;
    forever
      #31.25 clk2=~clk2;
  end

endmodule
```

本例的仿真结果与例 5.4 的仿真波形相同,只是在数据格式上需要设置为符号数。

5.3 数字混频

数字混频是指将两个或多个数字信号进行频率相加或相减的过程,混频能够产生一系列新的频率。数字混频常用于通信系统和信号处理中。例如,在数字调制中,把数字信号调制到某一频率上,以使其能够在无线电频段传输。

图 5.9 给出了数字混频在通信系统中的应用场景:在发送端,将基带信号进行上变频,实现频谱的线性搬移,变成适合经由信道传输的带通信号。在接收端,将接收到的带通信号进行下变频,变为低通信号,然后进行解调。

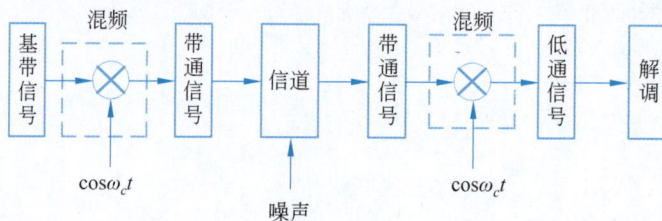

图 5.9 混频在通信系统中的应用

1. 混频原理

如式(5.11)和式(5.12)所示,$f(t)$为一基带信号,其傅里叶变换信号为 $F(\omega)$,$c(t)$为一调制信号,其傅里叶变换信号为 $C(\omega)$,则 $f(t)$ 与 $c(t)$ 进行乘法运算的傅里叶变换结果如式(5.13)所示,"$*$"代表卷积运算,即信号在时域相乘等价于信号在频域进行卷积。

$$f(t) \leftrightarrow F(\omega) \tag{5.11}$$

$$c(t) \leftrightarrow C(\omega) \tag{5.12}$$

$$f(t)c(t) \leftrightarrow \frac{1}{2\pi}[F(\omega) * C(\omega)] \tag{5.13}$$

当 $c(t) = \cos\omega_c t$ 时,$\cos\omega_c t$ 的傅里叶变换表达式如式(5.14)所示。

$$\cos(\omega_c t) \leftrightarrow \pi[\delta(\omega - \omega_c) + \delta(\omega + \omega_c)] \tag{5.14}$$

当 $c(t) = \cos\omega_c t$ 时,由式(5.13)和式(5.14)可得式(5.15)。

$$f(t)\cos(\omega_c t) \leftrightarrow \frac{1}{2}[F(\omega - \omega_c) + F(\omega + \omega_c)] \tag{5.15}$$

图 5.10 在频域演示了基带信号 $f(t)$ 经过混频实现了信号频带的搬移。

此外,混频原理可以从积化和差公式得到论证,如式(5.16)所示的积化和差公式,即两个频率的信号相乘可以得到两个新的频率,一个是频率之和,另一个是频率之差。

$$\cos\alpha\cos\beta = \frac{1}{2}[\cos(\alpha + \beta) + \cos(\alpha - \beta)] \tag{5.16}$$

由混频的原理可知,混频可以通过时域相乘或频域卷积实现。由于做乘法比做卷积简单,所以一般情况下通过时域相乘实现信号混频。

【例 5.6】 数字混频(有符号数)。

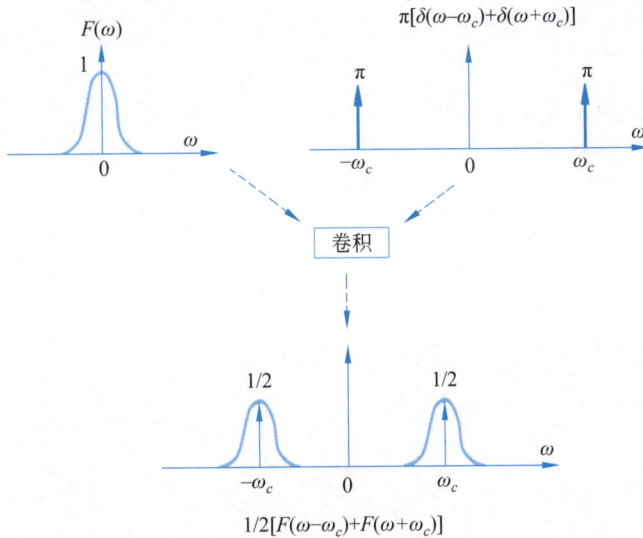

图 5.10 基带信号混频示例

（1）逻辑设计代码。

```verilog
module fre_mix (input wire signed[7:0] d1,d2,
            output wire signed[7:0] dout_mul,dout_add);

wire signed[15:0] rt_mul;            //定义混频信号
wire signed[8:0] rt_add;             //定义叠加信号

assign rt_mul=d1 * d2;               //数字信号混频
assign rt_add=d1+d2;                 //数字信号叠加

assign dout_mul=rt_mul[15:8];        //结果截尾
assign dout_add=rt_add[8:1];         //结果截尾

endmodule
```

（2）Testbench 代码。

```verilog
`timescale 1ns/1ps

module tb_fre_mix;

reg rst_n;                           //定义复位信号
reg clk1;                            //定义正弦波 80MHz 时钟采样信号
reg clk2;                            //定义正弦波 16MHz 时钟采样信号

wire signed [7:0] dout1,dout2;       //定义正弦波信号
wire signed [7:0] dout_mul;          //定义混频信号
wire signed [7:0] dout_add;          //定义叠加信号

//例化正弦波信号发生器 1,正弦波信号频率为 80M/16=5MHz
sin_gen  u1(.rst_n (rst_n),
```

```
                 .clk    (clk1),
                 .dout   (dout1));

//例化正弦波信号发生器 2,正弦波信号频率为 16M/16=1MHz
sin_gen u2(.rst_n (rst_n),
              .clk    (clk2),
              .dout   (dout2));

//例化混频模块
fre_mix u3(.d1 (dout1),
             .d2 (dout2),
             .dout_mul(dout_mul),
             .dout_add(dout_add));

//生成复位信号
initial
   begin
     #0   rst_n=0;
     #100 rst_n=1;
   end

//生成频率为 80MHz 的时钟信号
initial
   begin
     clk1=0;
     forever
       #6.25 clk1=~clk1;
   end

//生成频率为 16MHz 的时钟信号
initial
   begin
     clk2=0;
     forever
       #31.25 clk2=~clk2;
   end

integer fp_w1,fp_w2;//定义读写文档句柄

//以写方式打开文件,准备写入仿真数据
initial
   begin
     fp_w1=$fopen("dout_mul.txt","w");    //以写操作模式打开 dout_mul.txt 文件
     fp_w2=$fopen("dout_add.txt","w");    //以写操作模式打开 dout_add.txt 文件
   end

//将仿真数据写入 txt 文档
always@(posedge clk1)
     begin
       if (rst_n)
```

```
        begin
        //将变量 dout_mul 的值写入 dout_mul.txt
        $fwrite(fp_w1,"%d\n",dout_mul);
        //将变量 dout_add 的值写入 dout_add.txt
        $fwrite(fp_w2,"%d\n",dout_add);
        end
    end

endmodule
```

本例中的 Testbench 代码中调用了 sin_gen 模块,代码同例 5.5(有符号正弦波)的逻辑设计代码。

本例的仿真结果如图 5.11 所示,图中 dout_mul 为正弦信号 dout1 和 dout2 的混频信号,dout_add 为正弦信号 dout1 和 dout2 的叠加信号。

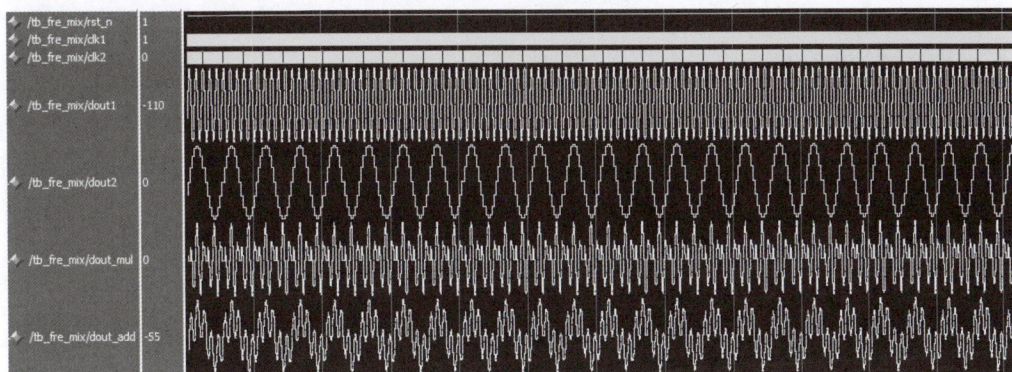

图 5.11 正弦信号混频和叠加仿真结果

将 Testbench 中得到的 dout_mul.txt 和 dout_add.txt 文件使用 MATLAB 软件进行频谱分析,可以得到图 5.12 所示的频谱分析结果。叠加信号的频率成分就是两个正弦波的频率,即 1MHz 和 5MHz。混频信号的频率成分是两个正弦波的混频结果,即 1MHz 和 5MHz 的和值与差值 4MHz 和 6MHz。

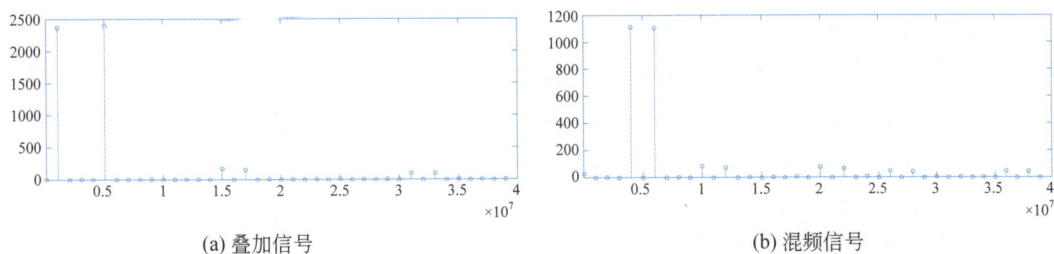

(a) 叠加信号　　　　　　　　　　　(b) 混频信号

图 5.12 MATLAB 频谱分析结果

5.4 数字滤波

在数字信号处理中,滤波器起到了重要的作用,在通信系统、系统控制、生物医学工程和航空航天等领域中都有广泛的应用。

滤波器的作用是从输入信号中提取有效的信号,滤除不需要的信号或干扰信号。数字滤波器根据实现方法可以分为频域滤波器、时域滤波器和变换域滤波器等。

频域滤波是从输入信号中提取需要的频谱分量,滤除不需要的频谱成分。进行频域滤波器设计时,要求输入信号频谱中所需信号的频谱和被滤出信号的频谱具有可分性。

时域滤波主要根据信号和噪声之间的统计特性差异完成滤波。在观测信号的过程中,真实信号往往会受到加性噪声的干扰,而加性噪声的频谱很宽,所以真实信号频谱和噪声频谱会发生重叠,甚至在真实信号比较弱时,其频谱会被噪声频谱淹没。这种情况下,只能在时域将噪声消除。时域滤波一般基于最小二乘法,又称为波形估计。

当信号因为某些原因造成失真时,需要从失真信号中恢复出真实信号。最常见的失真有乘积性失真和卷积性失真。从失真信号中恢复出真实信号的过程称为同态滤波。因此,在同态滤波中,一般需要完成解乘积和解卷积运算。

本教材介绍频域滤波器设计。

1. 数字滤波器的数学模型

数字滤波器在时域的表达式如式(5.17)所示。

$$y[n] = -\sum_{k=1}^{N} a_k y[n-k] + \sum_{q=0}^{M} b_q x[n-q] \tag{5.17}$$

式(5.17)的等效的 Z 域传递函数如式(5.18)所示。

$$H(z) = \frac{\sum_{q=0}^{M} b_q z^{-q}}{1 + \sum_{k=1}^{N} a_k z^{-k}} \tag{5.18}$$

当 $a_k (1 \leq k \leq N)$ 的值不全为 0 时,滤波器 Z 域系统函数至少包含一个极点,此时相应的单位脉冲必定无限长,所以该类滤波器被称为无限冲激响应(Infinite Impulse Response,IIR)滤波器。对于一个稳定的数字系统,极点必须都在单位圆内部。

当 $a_k (1 \leq k \leq N)$ 的值全为 0 时,Z 域系统函数只有零点,数字滤波器的单位冲激响应有限,因此该类滤波器被称为有限冲激响应(Finite Impulse Response,FIR)滤波器。

2. FIR 数字滤波器设计

FIR 滤波器的结构主要有直接型、级联型、线性相位等。本教材介绍基于 MATLAB 软件的 fdatool 工具进行 FIR 滤波器设计的方法。在该软件中,可以根据需要选择滤波器结构,并完成各种参数的设置。

【例 5.7】 FIR 低通滤波器设计。

第一步:在 MATLAB 软件的命令窗口中输入 fdatool 命令,打开图 5.13 所示的参数设计界面。针对本设计示例,需要进行如下设置:①在 Response Type 一栏中选择 Lowpass。②在 Design Method 一栏中选择 FIR Equiripple。③在 Filter Order 一栏中选择 Minimum order。④在 Frequency Specifications 一栏中,Units 选择 MHz;Fs 设置为 25;Fpass 和 Fstop 分别设置为 2 和 3。⑤在 Magnitude Specifications 一栏中,Units 选择 dB;Apass 和 Astop 分别设置为 1 和 40。

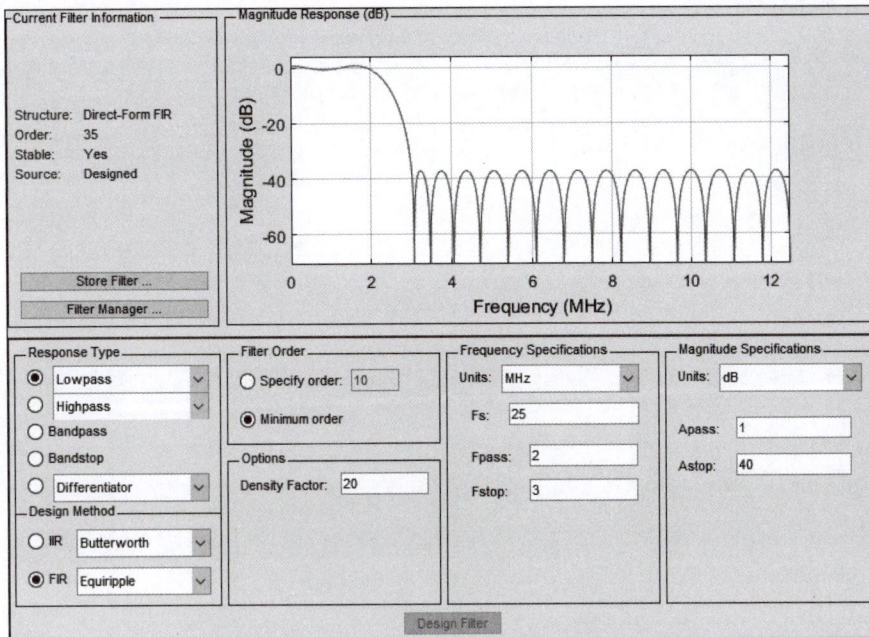

图 5.13 设计 FIR 滤波器的 fdatool 参数设置界面

图 5.14 导出 FIR 滤波器系数

第二步：参数设置好后，单击图 5.13 中的 Design Filter 按钮，软件将进行滤波设计，设计结果将显示在界面左上角的 Current Filter Information 一栏中。

第三步：然后将滤波器的系数导出，进行量化。在 fdatool 界面中，打开 File 菜单，选择 Export 选项，弹出图 5.14 所示的对话框。

第四步：编写 MATLAB 代码，将系数量化为 [−127, 127] 的有符号整数。

第五步：根据滤波器结构编写 Verilog HDL 代码。本示例中，滤波器采用直接型结构，直接型结构如图 5.15 所示。

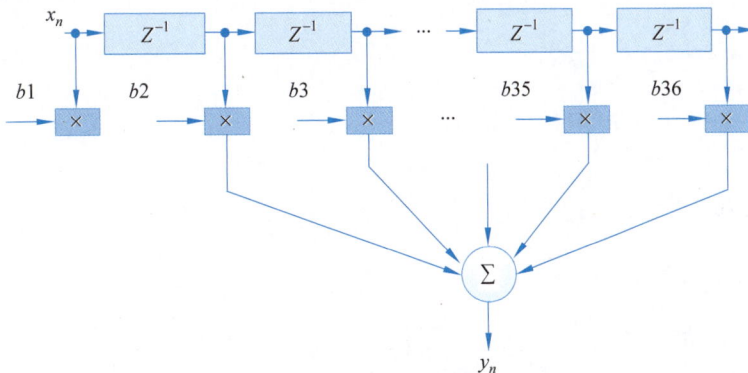

图 5.15 直接型 FIR 滤波器结构

（1）逻辑设计代码。

```verilog
module fir_filter (input rst_n,clk,
                   input wire signed[7:0] din,
                   output wire signed[19:0] dout);
//定义滤波器系数
    parameter  b1=-4;
    parameter  b2=2;
    parameter  b3=5;
    parameter  b4=9;
    parameter  b5=13;
    parameter  b6=14;
    parameter  b7=10;
    parameter  b8=2;
    parameter  b9=-9;
    parameter  b10=-19;
    parameter  b11=-25;
    parameter  b12=-21;
    parameter  b13=-7;
    parameter  b14=18;
    parameter  b15=50;
    parameter  b16=84;
    parameter  b17=111;
    parameter  b18=127;
    parameter  b19=127;
    parameter  b20=111;
    parameter  b21=84;
    parameter  b22=50;
    parameter  b23=18;
    parameter  b24=-7;
    parameter  b25=-21;
    parameter  b26=-25;
    parameter  b27=-19;
    parameter  b28=-9;
    parameter  b29=2;
    parameter  b30=10;
    parameter  b31=14;
    parameter  b32=13;
    parameter  b33=9;
    parameter  b34=5;
    parameter  b35=2;
    parameter  b36=-4;

    //定义输入延时移位寄存器

    reg signed[7:0] din_r1,din_r2,din_r3,din_r4,din_r5,din_r6;
    reg signed[7:0] din_r7,din_r8,din_r9,din_r10,din_r11,din_r12;
    reg signed[7:0] din_r13,din_r14,din_r15,din_r16,din_r17,din_r18;
    reg signed[7:0] din_r19,din_r20,din_r21,din_r22,din_r23,din_r24;
    reg signed[7:0] din_r25,din_r26,din_r27,din_r28,din_r29,din_r30;
```

```
    reg signed[7:0] din_r31,din_r32,din_r33,din_r34,din_r35,din_r36;
```

//定义中间结果
```
wire signed[16:0] data_fw1,data_fw2,data_fw3,data_fw4,data_fw5,data_fw6;
```
//计算中间结果
```
assign data_fw1=b1 * din+b2 * din_r1+b3 * din_r2+b4 * din_r3+b5 * din_r4+
               b6 * din_r5;
assign data_fw2=b7 * din_r6+b8 * din_r7+b9 * din_r8+b10 * din_r9+b11 * din_r10+
               b12 * din_r11;
assign data_fw3=b13 * din_r12+b14 * din_r13+b15 * din_r14+b16 * din_r15+b17 * din_
               r16+b18 * din_r17;
assign data_fw4=b19 * din_r18+b20 * din_r19+b21 * din_r20+b22 * din_r21+b23 * din_
               r22+b24 * din_r23;
assign data_fw5=b25 * din_r24+b26 * din_r25+b27 * din_r26+b28 * din_r27+b29 * din_
               r28+b30 * din_r29;
assign data_fw6=b31 * din_r30+b32 * din_r31+b33 * din_r32+b34 * din_r33+b35 * din_
               r34+b36 * din_r35;
```
//计算滤波器输出结果
```
assign dout=data_fw1+data_fw2+data_fw3+data_fw4+data_fw5+data_fw6;
```

//输入数据移位
```
    always@ (posedge clk,negedge rst_n)
      begin
        if (!rst_n)
          begin
              din_r1<=8'b0;
              din_r2<=8'b0;
              din_r3<=8'b0;
              din_r4<=8'b0;
              din_r5<=8'b0;
              din_r6<=8'b0;
              din_r7<=8'b0;
              din_r8<=8'b0;
              din_r9<=8'b0;
              din_r10<=8'b0;
              din_r11<=8'b0;
              din_r12<=8'b0;
              din_r13<=8'b0;
              din_r14<=8'b0;
              din_r15<=8'b0;
              din_r16<=8'b0;
              din_r17<=8'b0;
              din_r18<=8'b0;
              din_r19<=8'b0;
              din_r20<=8'b0;
              din_r21<=8'b0;
              din_r22<=8'b0;
              din_r23<=8'b0;
              din_r24<=8'b0;
              din_r25<=8'b0;
```

```
                din_r26<=8'b0;
                din_r27<=8'b0;
                din_r28<=8'b0;
                din_r29<=8'b0;
                din_r30<=8'b0;
                din_r31<=8'b0;
                din_r32<=8'b0;
                din_r33<=8'b0;
                din_r34<=8'b0;
                din_r35<=8'b0;
                din_r36<=8'b0;
            end
        else
            begin
                din_r1<=din;
                din_r2<=din_r1;
                din_r3<=din_r2;
                din_r4<=din_r3;
                din_r5<=din_r4;
                din_r6<=din_r5;
                din_r7<=din_r6;
                din_r8<=din_r7;
                din_r9<=din_r8;
                din_r10<=din_r9;
                din_r11<=din_r10;
                din_r12<=din_r11;
                din_r13<=din_r12;
                din_r14<=din_r13;
                din_r15<=din_r14;
                din_r16<=din_r15;
                din_r17<=din_r16;
                din_r18<=din_r17;
                din_r19<=din_r18;
                din_r20<=din_r19;
                din_r21<=din_r20;
                din_r22<=din_r21;
                din_r23<=din_r22;
                din_r24<=din_r23;
                din_r25<=din_r24;
                din_r26<=din_r25;
                din_r27<=din_r26;
                din_r28<=din_r27;
                din_r29<=din_r28;
                din_r30<=din_r29;
                din_r31<=din_r30;
                din_r32<=din_r31;
                din_r33<=din_r32;
                din_r34<=din_r33;
                din_r35<=din_r34;
                din_r36<=din_r35;
```

```
        end
    end
endmodule
```

注意：①该代码只是在功能上实现了滤波器功能，真正实用需要结合流水线和时序约束进行优化；②可以使用 FIR IP 核导入系数进行滤波器设计。

（2）Testbench 代码。

```
`timescale 1ns/1ps

module tb_filter;

reg rst_n;                              //定义复位信号
reg clk1;                               //定义正弦波 80MHz 采样时钟信号
reg clk2;                               //定义正弦波 16MHz 采样时钟信号
reg clk;                                //定义滤波器 25MHz 采样时钟信号
wire signed [7:0] dout1,dout2;          //定义正弦波信号
wire signed [7:0] dout_mul;             //定义混频信号
wire signed [7:0] dout_add;             //定义叠加信号
wire signed [7:0] dout_add_filter_fir;  //定义滤波器输出信号

//例化正弦波信号发生器 1,正弦波信号频率为 80M/16=5MHz
sin_gen  u1(.rst_n (rst_n),
            .clk   (clk1),
            .dout  (dout1));

//例化正弦波信号发生器 2,正弦波信号频率为 16M/16=1MHz
sin_gen u2(.rst_n (rst_n),
            .clk   (clk2),
            .dout  (dout2));

//例化混频模块
fre_mix u3(.d1 (dout1),
            .d2 (dout2),
            .dout_mul(dout_mul),
            .dout_add(dout_add));

//例化 FIR 滤波器模块
fir_filter u4 (.rst_n (rst_n),
            .clk   (clk),
            .din   (dout_add),
            .dout  (dout_add_filter_fir));

//生成复位信号
initial
  begin
    #0  rst_n=0;
    #100 rst_n=1;
  end

//生成频率为 80MHz 的时钟信号
```

```verilog
initial
  begin
    clk1=0;
    forever
      #6.25 clk1=~clk1;
  end

//生成频率为 16MHz 的时钟信号
initial
  begin
    clk2=0;
    forever
      #31.25 clk2=~clk2;
  end

//生成频率为 25MHz 的时钟信号
initial
  begin
    clk=0;
    forever
      #20 clk=~clk;
  end

integer fp_w1;              //定义文本读写句柄

//以写操作方式打开 dout_add.txt
initial
  begin
    fp_w1=$fopen("dout_add.txt","w");
  end

//将变量 dout_add 的值写入 dout_add.txt
always@(posedge clk1)
    begin
        if (rst_n) begin
            $fwrite(fp_w1,"%d\n" ,dout_add);
        end
    end

integer fp_w2;             //定义文本读写句柄
//以写操作方式打开 dout_add_filter_fir.txt
initial
  begin
    fp_w2=$fopen("dout_add_filter_fir.txt","w");
  end

//将变量 dout_add_filter_fir 的值写入句柄 fp_w2 所指向的 dout_add_filter_fir.txt
always@(posedge clk1)
    begin
        if (rst_n)
```

```
        begin
            $fwrite(fp_w2,"%d\n",dout_add_filter_fir);
        end
    end

  endmodule
```

图 5.16 为例 5.7 实现的 FIR 滤波器对 1MHz 和 5MHz 叠加信号 dout_add 进行滤波的仿真波形。由于设计的 FIR 低通滤波器的截止频率为 3MHz，所以 5MHz 信号被滤掉，dout_add_filter_fir 信号为滤波器的输出结果，只包含 1MHz 的正弦波信号。

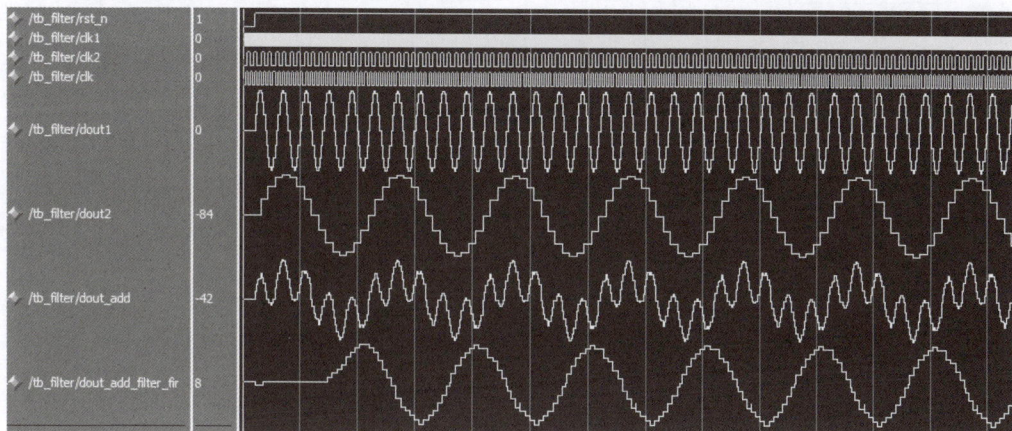

图 5.16 FIR 滤波器仿真结果

3. IIR 数字滤波器设计

IIR 滤波器的结构主要有直接型、级联型、并联型等。本教材介绍基于 MATLAB 软件的 fdatool 工具进行 IIR 滤波器设计的方法。在该软件中，可以根据需要选择滤波器结构，并完成各种参数的设置。

【例 5.8】 IIR 带通滤波器设计。

第一步：在 MATLAB 软件的命令窗口中键入 fdatool 命令，打开图 5.17 所示的参数设计界面。针对本设计示例，需要进行如下设置。①在 Response Type 一栏中选择 Bandpass。②在 Design Method 一栏中选择 IIR Elliptic。③在 Filter Order 一栏中选择 Minimum order。④在 Frequency Specifications 一栏中，Units 选择 MHz；Fs 设置为 25；Fstop1 和 Fpass1 分别设置为 1.5 和 2；Fstop2 和 Fpass2 分别设置为 10 和 10.5。⑤在 Magnitude Specifications 一栏中，Units 选择 dB；Apass、Astop1 和 Astop2 分别设置为 2、60 和 60。

第二步：参数设置好后，单击图 5.17 中的 Design Filter 按钮，软件将进行滤波设计，设计结果将显示在界面左上角的 Current Filter Information 一栏中。

第三步：进行第一次结构转换。在 fdatool 界面中，打开 Edit 菜单，选择 Convert to Single Section 选项。转换后，fdatool 界面中 Current Filter Information 一栏中的信息如图 5.18 所示。

第四步：进行第二次结构转换。在 fdatool 界面中，打开 Edit 菜单，选择 Convert Structure 选项，弹出图 5.19 所示对话框。选择 Direct-Form I 选项，然后单击 OK 按钮。

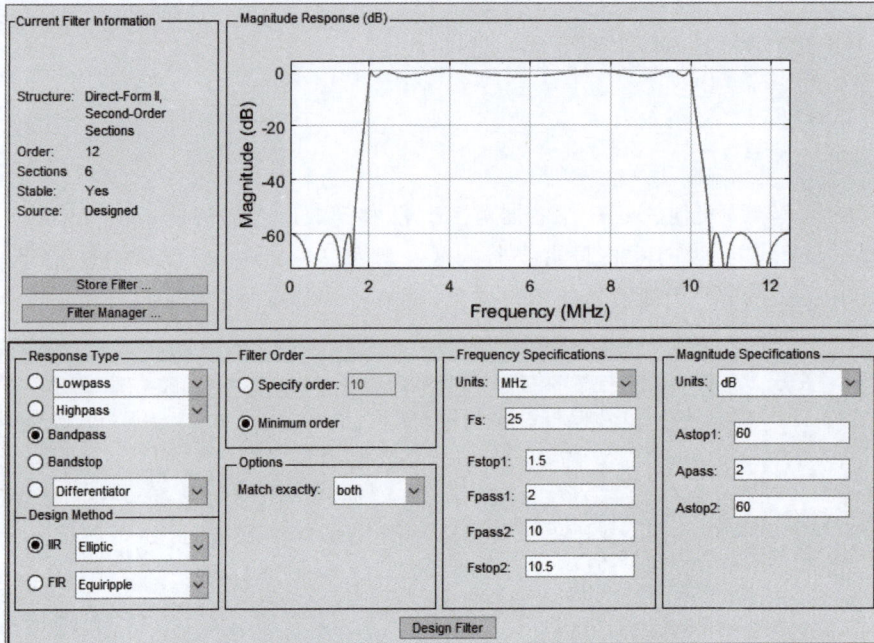

图 5.17　设计 IIR 滤波器的 fdatool 参数设置界面

fdatool 界面中 Current Filter Information 一栏中的信息如图 5.20 所示。

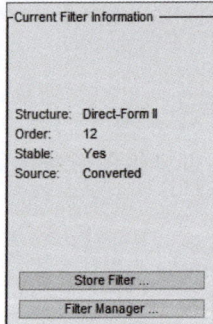

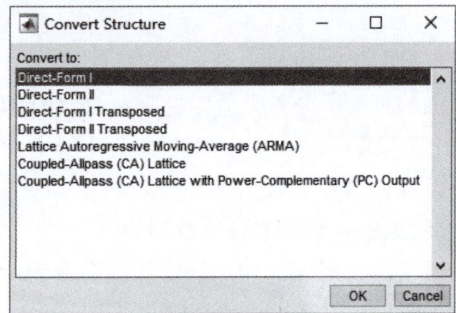

图 5.18　Current Filter Information 信息（Direct-Form Ⅱ）　图 5.19　Convert Structure 对话框设置

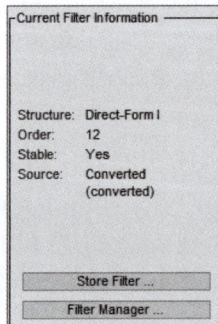

图 5.20　Current Filter Information 信息（Direct-Form Ⅰ）

第五步：将滤波器的系数导出，进行量化。在 fdatool 界面中，打开 File 菜单，选择 Export 选项，弹出图 5.21 所示的对话框。

图 5.21 导出 IIR 滤波器系数

第六步：编写 MATLAB 代码，将系数量化为 $[-127,127]$ 的有符号整数。

第七步：根据滤波器结构编写 Verilog HDL 代码。本示例中，滤波器采用直接型-I 结构，如图 5.22 所示。

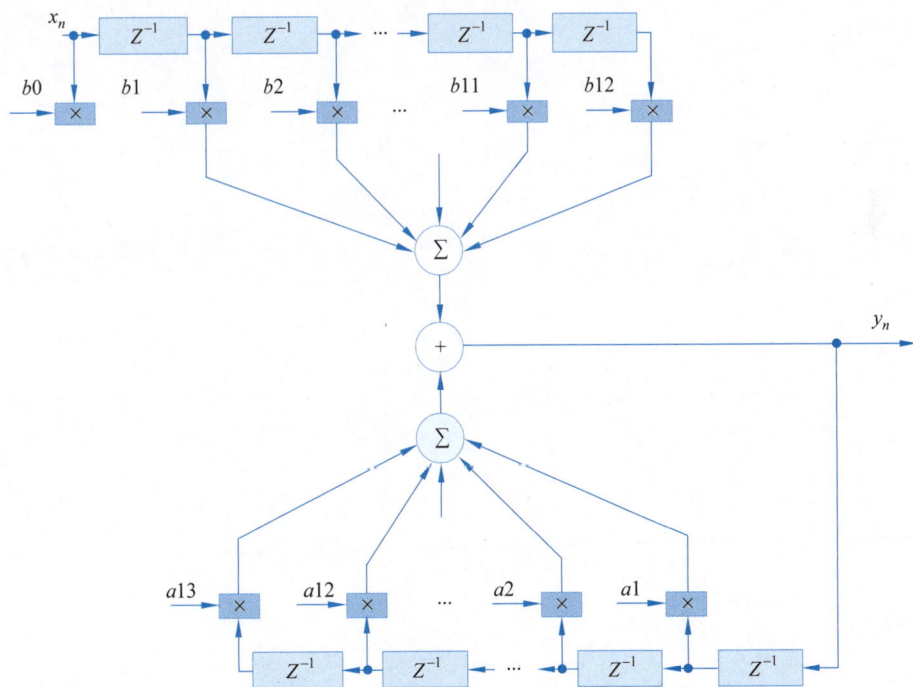

图 5.22 直接型-I IIR 滤波器结构

（1）逻辑设计代码。

```
module IIR_filter (input rst_n,clk,
                   input wire signed[7:0] din,
                   output wire signed[7:0] dout);


    //前馈滤波器系数 b,分子
    parameter b0=6;
```

```
    parameter b1=-1;
    parameter b2=-27;
    parameter b3=2;
    parameter b4=58;
    parameter b5=-1;
    parameter b6=-74;
    parameter b7=-1;
    parameter b8=58;
    parameter b9=2;
    parameter b10=-27;
    parameter b11=-1;
    parameter b12=6;
    //反馈滤波器系数 a,分母
    parameter a1=73;
    parameter a2=-46;
    parameter a3=-31;
    parameter a4=-4;
    parameter a5=127;
    parameter a6=-53;
    parameter a7=-1;
    parameter a8=-25;
    parameter a9=67;
    parameter a10=-19;
    parameter a11=11;
    parameter a12=-14;
    parameter a13=19;

//定义 13 个寄存器存储输入数据

reg signed[7:0] din_r1,din_r2,din_r3,din_r4,din_r5,din_r6,din_r7;
reg signed[7:0] din_r8,din_r9,din_r10,din_r11,din_r12,din_r13;

//定义 13 个寄存器存储输出数据

reg signed[7:0] dout_r1,dout_r2,dout_r3,dout_r4,dout_r5,dout_r6,dout_r7;
reg signed[7:0] dout_r8,dout_r9,dout_r10,dout_r11,dout_r12,dout_r13;

/定义前馈输出信号
wire signed[19:0] data_fw;
//定义反馈输出信号
wire signed[19:0] data_fb;

//定义中间结果
wire signed[19:0] rt;

//计算前馈结果
assign data_fw=b0 * din+b1 * din_r1+b2 * din_r2+b3 * din_r3+b4 * din_r4+b5 *
               din_r5+b6 * din_r6+b7 * din_r7+b8 * din_r8+b9 * din_r9+b10 *
               din_r10+b11 * din_r11+b12 * din_r12;
```

```
//计算反馈结果
assign data_fb=a1 * dout_r1+a2 * dout_r2+a3 * dout_r3+a4 * dout_r4+a5 * dout_
              r5+a6 * dout_r6+a7 * dout_r7+a8 * dout_r8+a9 * dout_r9+a10 *
              dout_r10+a11 * dout_r11+a12 * dout_r12+a13 * dout_r13;

//计算滤波器中间结果
 assign rt=data_fw+data_fb;

//计算滤波器输出结果
 assign dout=rt[19:12];

//实现输入数据前馈移位和输出数据反馈移位
always@(posedge clk,negedge rst_n)
  begin
    if (!rst_n)
      begin
        din_r1<=8'b0;
        din_r2<=8'b0;
        din_r3<=8'b0;
        din_r4<=8'b0;
        din_r5<=8'b0;
        din_r6<=8'b0;
        din_r7<=8'b0;
        din_r8<=8'b0;
        din_r9<=8'b0;
        din_r10<=8'b0;
        din_r11<=8'b0;
        din_r12<=8'b0;
        din_r13<=8'b0;

        dout_r1<=8'b0;
        dout_r2<=8'b0;
        dout_r3<=8'b0;
        dout_r4<=8'b0;
        dout_r5<=8'b0;
        dout_r6<=8'b0;
        dout_r7<=8'b0;
        dout_r8<=8'b0;
        dout_r9<=8'b0;
        dout_r10<=8'b0;
        dout_r11<=8'b0;
        dout_r12<=8'b0;
        dout_r13<=8'b0;
      end
    else
      begin
        din_r1<=din;
        din_r2<=din_r1;
        din_r3<=din_r2;
        din_r4<=din_r3;
```

```
                    din_r5<=din_r4;
                    din_r6<=din_r5;
                    din_r7<=din_r6;
                    din_r8<=din_r7;
                    din_r9<=din_r8;
                    din_r10<=din_r9;
                    din_r11<=din_r10;
                    din_r12<=din_r11;
                    din_r13<=din_r12;

                    dout_r1<=dout;
                    dout_r2<=dout_r1;
                    dout_r3<=dout_r2;
                    dout_r4<=dout_r3;
                    dout_r5<=dout_r4;
                    dout_r6<=dout_r5;
                    dout_r7<=dout_r6;
                    dout_r8<=dout_r7;
                    dout_r9<=dout_r8;
                    dout_r10<=dout_r9;
                    dout_r11<=dout_r10;
                    dout_r12<=dout_r11;
                    dout_r13<=dout_r12;
                end
            end
    endmodule
```

（2）Testbench 代码。

```
    `timescale 1ns/1ps

    module tb_filter;

    reg rst_n;                              //定义复位信号,低电平有效
    reg clk1,clk2;                          //定义正弦波采样频率
    reg clk;                                //定义滤波器采样时钟,频率 25MHz
    wire signed [7:0] dout1,dout2;          //定义正弦波信号
    wire signed [7:0] dout_mul;             //定义正弦波混频信号
    wire signed [7:0] dout_add;             //定义正弦波叠加信号
    wire signed [7:0] dout_add_filter_fir,dout_add_filter_iir;  //定义滤波器输出信号

    //例化正弦波信号发生器 1,正弦波信号频率 80M/16=5MHz
    sin_gen  u1(.rst_n (rst_n),
                .clk    (clk1),
                .dout   (dout1));

    //例化正弦波信号发生器 2,正弦波信号频率 16M/16=1MHz
    sin_gen u2(.rst_n (rst_n),
                .clk    (clk2),
                .dout   (dout2));
```

```
//例化混频模块
fre_mix u3(.d1 (dout1),
           .d2 (dout2),
           .dout_mul(dout_mul),
           .dout_add(dout_add));

//例化 IIR 带通滤波器(验证例 5.8)
IIR_filter u4 (.rst_n (rst_n),
              .clk   (clk),
              .din   (dout_add),
              .dout  (dout_add_filter_iir));

//例化 FIR 低通滤波器(验证例 5.7)
fir_filter u5 (.rst_n (rst_n),
              .clk   (clk),
              .din   (dout_add),
              .dout  (dout_add_filter_fir));

//生成复位信号
initial
  begin
    #0   rst_n=0;
    #100 rst_n=1;
  end

//生成频率为 80MHz 的时钟信号
initial
  begin
    clk1=0;
    forever
      #6.25 clk1=~clk1;
  end

//生成频率为 16MHz 的时钟信号
initial
  begin
    clk2=0;
    forever
      #31.25 clk2=~clk2;
  end

//生成频率为 25MHz 的滤波器采样时钟信号
initial
  begin
    clk=0;
    forever
      #20 clk=~clk;
  end

integer fp_w1,fp_w2;              //定义读写文件的句柄
```

```
//以写方式打开文件,准备写入仿真数据
initial
  begin
     //以写操作模式打开 dout_add_filter_fir.txt
     fp_w1=$fopen("dout_add_filter_fir.txt","w");
     //以写操作模式打开 dout_add_filter_iir.txt
     fp_w2=$fopen("dout_add_filter_iir.txt","w");
  end

//将仿真数据写入 txt 文档
always@ (posedge clk1)
    begin
       if (rst_n)
         begin
            //将变量 dout_add_filter_fir 的值写入 dout_add_filter_fir.txt
            $fwrite(fp_w1,"%d\n",dout_add_filter_fir);
            //将变量 dout_add_filter_iir 的值写入 dout_add_filter_iir.txt
            $fwrite(fp_w2,"%d\n",dout_add_filter_iir);
         end
    end

endmodule
```

本例的 Testbench 代码分别调用了例 5.5 的 sin_gen 模块、例 5.6 的 fre_mix 模块、例 5.7 的 fir_filter 模块,因此本例的 Testbench 代码可以同时进行 FIR 和 IIR 滤波器的仿真。

FIR 滤波器和 IIR 滤波器的输入信号为 1MHz 和 5MHz 正弦信号的叠加信号 dout_add。根据 FIR 低通滤波器的参数,可知 FIR 低通滤波器的输出结果应该只有 1MHz 的正弦波信号。同理,IIR 带通滤波器的输出结果应该只有 5MHz 的正弦信号。

本例的仿真结果如图 5.23 所示。图中 dout_add_filter_fir 信号为例 5.7 FIR 低通滤波器的输出波形,与输入信号 dout_add 对比,可以发现 5MHz 的正弦波信号已经被滤除。信

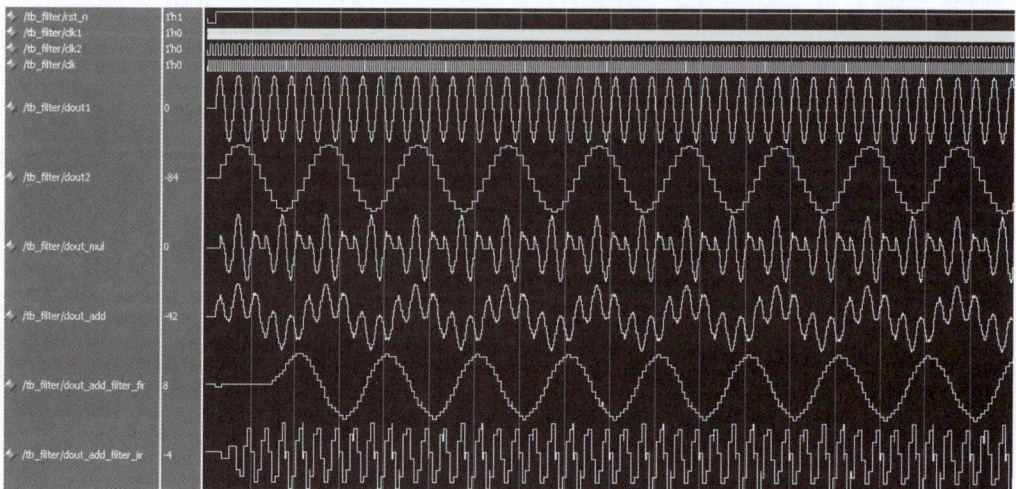

图 5.23 FIR 和 IIR 滤波器仿真结果

号 dout_add_filter_iir 为例 5.8 IIR 带通滤波器的输出波形,与输入信号 dout_add 对比,可以发现 1MHz 的正弦波信号已经被滤除。信号 dout_add_filter_iir 的波形失真的原因是在反馈时采用了数据截尾。

为了分析滤波器输出结果的频谱,将 FIR 和 IIR 滤波器的输出结果写入 txt 文档。图 5.24 为滤波器输出结果的频谱分析图。与图 5.12(a)的叠加信号的频谱相比,图 5.24(a)中只有 1MHz 正弦信号的频谱,图 5.24(b)中的主要频谱信号为 5MHz 的正弦信号,由于数据截尾的问题引入了噪声,因此产生了直流分量等干扰信号。

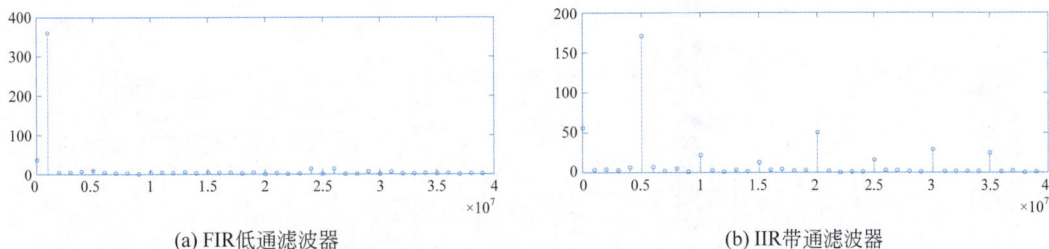

(a) FIR低通滤波器　　　　　　　　　　　(b) IIR带通滤波器

图 5.24　滤波器输出结果频谱分析

5.5　FFT 幅频特性分析

快速傅里叶变换(Fast Fourier Transform,FFT)是数字信号处理中重要的技术之一。傅里叶变换可以将时域信号变换为频域信号,从而可以从频域对信号进行分析。例 5.6 和例 5.8 的频谱分析是用 MATLAB 软件进行的,其理论原理也是 FFT。FFT 的功能也可以用 Verilog HDL 根据 FFT 的数学原理进行设计,但由于目前 FFT IP 核的功能已经非常完善,因此,除非特别需要,否则一般用 FFT IP 核配以必要的 HDL 代码实现 FFT 功能。

对于 FFT 的理论,本教材不做介绍,若需要学习 FFT 的理论,请参考数字信号处理相关书籍。各大 FPGA 厂家都有自己的 FFT IP 核,本教材选用高云半导体的 FFT IP 核作为设计案例。

高云半导体的 FPGA 开发软件名称为云源软件,有商业版和教育版两个版本。商业版需要申请 license,教育版不需要申请 license,但支持的 FPGA 型号和功能受限。安装软件可以到高云官网下载,然后安装在本地计算机中。关于云源软件的使用,可以参考高云半导体官网的《Gowin 云源软件用户指南》。

【例 5.9】　基于 FFT IP 核的正弦信号幅频特性分析。

1. 高云半导体 FPGA FFT IP 核参数配置

图 5.25 所示为 FFT IP 核的参数配置界面。

(1) General 部分一般是根据项目工程的设置自动生成的,用户也可以根据需要修改 File Name、Module Name。

(2) Points/Mode 标签栏中,Number of Points 部分进行 FFT 点数设置。本例使用例 5.5 中产生的符号数正弦波信号,其采样点数为 16,因此 FFT 的点数选择 Fixed,并设置为 16。FFT Mode 选择 Forward,即正向傅里叶变换,若实现 IFFT,则需要选择 Inverse。如果系统同时用到 FFT 和 IFFT,可以选择 Dynamic Through Port,则可以通过专用端口的高低电平实现 FFT 和 IFFT 功能的选择。Output Order 选择 Natural,即正序输出。Bit-reverse 为反序输出。

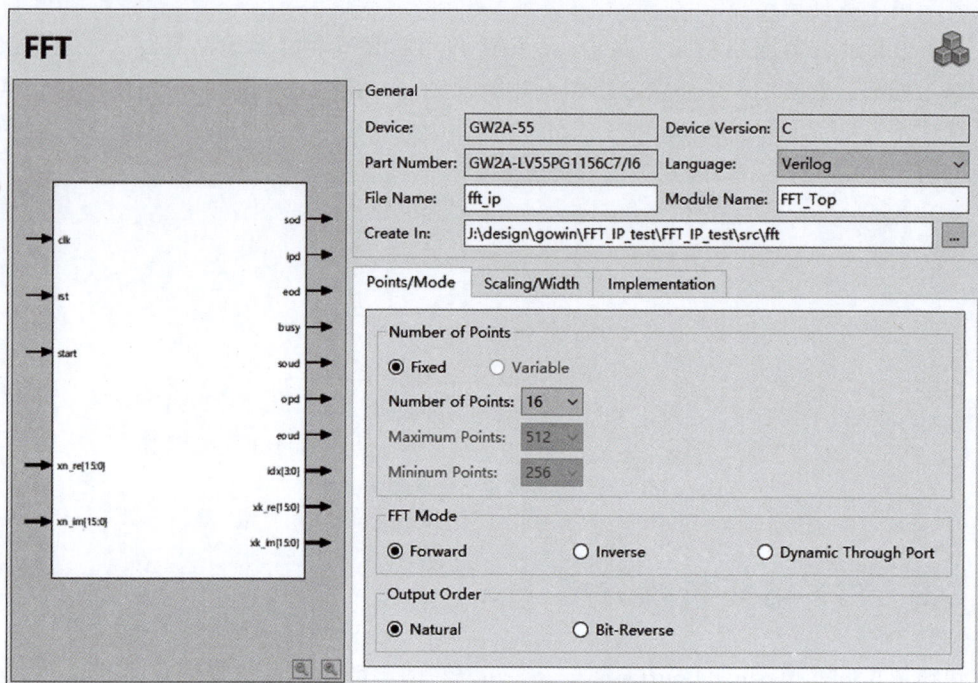

(a) general和Points/Mode设置

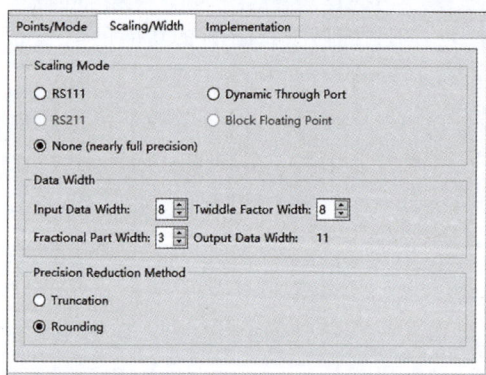

(b) Scaling/Width设置

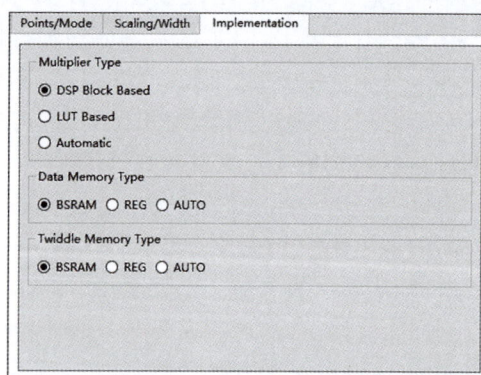

(c) Implementation设置

图 5.25　FFT IP 例化对话框参数设置

（3）Scaling/Width 标签栏中的 Scaling Mode 选择 None(nearly full precision)。Data Width 中的 Input Data Width 需要根据输入信号进行设置,本例设置为 8。Twiddle Factor Width 设置旋转因子的位宽,本例设置为 8。Fractional Part Width 设置小数部分的位宽,本例设置为 3。Output Data Width 为输出数据的位宽,该值由软件根据 Input Data Width 和 Fractional Part Width 的数值自动生成。Precision Reduction Method 选择近似方式,Truncation 为截尾,Rounding 为四舍五入。本例选择 Rounding。

（4）Implementation 标签栏中的 Multiplier Type 选择实现乘法器的逻辑资源类型，本例选择 DSP Block Based。Data Memory Type 选择实现数据存储器的逻辑资源类型，本例选择 BSRAM。Twiddle Memory Type 选择实现旋转因子存储器的逻辑资源类型，本例选择 BSRAM。

FFT IP 核设置完成后，软件将根据设置生成 FFT IP 核的相关文件，放置在 General 部分 Create in 设置的文件夹下。

2. 高云半导体 FPGA FFT IP 核管脚信息

表 5.4 给出了 FFT IP 核的管脚信息。

表 5.4　FFT IP 核的管脚信息

序号	信号名称	方向	位宽	描　　述
1	xn_re	input	8-36	待转换序列的实部
2	xn_im	input	8-36	待转换序列的虚部
3	xk_re	output	8-36	转换后序列的实部
4	xk_im	output	8-36	转换后序列的虚部
5	clk	input	1	时钟输入
6	rst	input	1	系统复位,高电平复位
7	idx	output	3-16	装载数据时指示下一个触发沿要装载的数据序列位置,卸载数据时指示当前输出数据序列的位置
8	start	input	1	同步启动信号,高电平有效,至少保持一个时钟周期,且只在内核空闲时被采样,启动一次变换
9	sod	output	1	时域序列启动信号,高电平有效,表示从下一个触发边沿开始将采样数据输入
10	ipd	output	1	数据正在输入指示,高电平有效,表示正在采样输入数据
11	eod	output	1	时域序列结束信号,高电平有效,表示数据输入完成
12	busy	output	1	FFT 内核变换指示,高电平有效,表示 FFT 内核正在进行变换计算
13	soud	output	1	频域序列起始信号,高电平有效,表示正在卸载第一个数据
14	opd	output	1	数据正在输出,高电平有效,表示正输出的数据有效
15	eoud	output	1	频域序列结束信号,高电平有效,表示完成数据卸载
16	ifft	input	1	当 ifft＝1 时,IP 完成 IFFT 功能。当 ifft＝0 时,IP 完成 FFT 功能(FFT Mode 选择 Dynamic Through Port 时生成该管脚)
17	sfset	input	1	设定数据缩小比率使能,高电平有效(Scaling Mode 选择 Dynamic Through Port 时生成该管脚)
18	sfact	input	4	功能暂不支持,输入可为任意值(Scaling Mode 选择 Dynamic Through Port 时生成该管脚)
19	scal	input	2	缩小比率值,无符号数(Scaling Mode 选择 Dynamic Through Port 时生成该管脚)

3. 高云半导体复数乘法器 Complex Multiplier IP 核参数设置

FFT IP 只能实现信号从时域到频域的变换,得到的是信号频域的实部和虚部,要得到信号的幅频特性,需要做复数乘法,其原理如式(5.19)所示。

$$(a + bj) \cdot (a - bj) = a^2 + b^2 \tag{5.19}$$

图 5.26 为 Complex Multiplier IP 核参数设置界面。

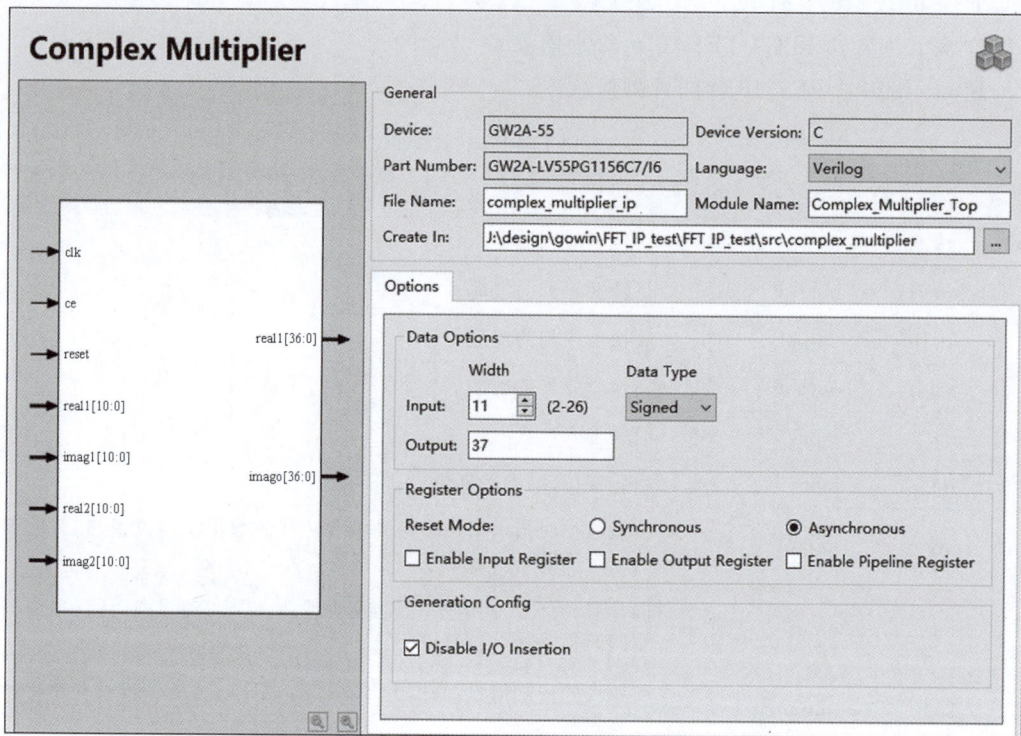

图 5.26 Complex Multiplier IP 例化对话框参数设置

(1) 同 FFT IP 参数设置界面一样,General 部分是根据项目工程的设置自动生成的,用户也可以根据需要修改 File Name、Module Name。

(2) Options 标签栏中,Data Options 进行数据位宽和数据类型的设置,本例中的 FFT IP 核的输出数据位宽为 11,因为复数乘法器的输入数据来自 FFT IP 核的输出数据,所以 input 设置为 11,二者一致。数据类型选择 Signed,为有符号数。Output 的位宽由软件根据输入数据的设置自动生成。Register Options 中的 Reset Mode 设置为复位方式,本例选择 Asynchronous,为异步复位。Enable Input Register、Enable Output Register 和 Enable Pipeline Register 是为设计添加额外的触发器,可以根据实际情况进行使用,本例三者都未使能。Generation Config 选择默认设置即可。

4. 高云半导体复数乘法器 Complex Multiplier IP 核管脚信息

表 5.5 给出了 Complex Multiplier IP 核的管脚信息。

表 5.5 Complex Multiplier IP 核的管脚信息

序号	信号名称	方向	位宽	描　述
1	clk	Input	1	时钟输入
2	reset	Input	1	复位信号,高电平复位
3	ce	Input	1	时钟输入使能,高电平有效
4	real1	Input	2~26	实部输入 1
5	real2	input	2~26	实部输入 2
6	imag1	input	2~26	虚部输入 1
7	imag2	input	2~26	虚部输入 2
8	realo	output	19~73	实部输出
9	imago	output	19~73	虚部输出

5. 逻辑设计代码

图 5.27 给出了本例顶层模块的结构图,主要有 3 个子模块,子模块 fft_ctr 产生 FFT IP 核的 start 信号。子模块 FFT IP 核实现 FFT 变换,Complex_Multiplier IP 模块对 FFT IP 的输出数据进行求模运算。

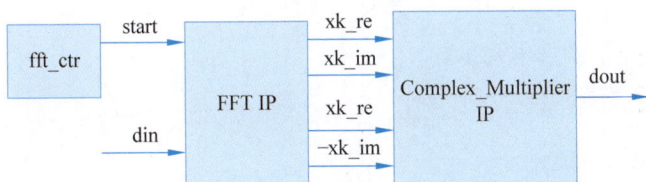

图 5.27 顶层设计的结构

（1）顶层设计代码。

```verilog
module fft_test_top (input rst_n,clk,
                     input signed [7:0] din,
                     output signed [36:0] dout);

//定义 FFT IP核管脚信号
wire [3:0] idx;
wire [10:0] xk_re;
wire [10:0] xk_im;
wire sod;
wire ipd;
wire eod;
wire busy;
wire soud;
wire opd;
wire eoud;
wire start;
```

```
//例化 fft_ctr 模块
fft_ctr u1(.clk(clk),
          .rst_n(rst_n),
          .start(start));

//例化 FFT IP 核模块
FFT_Top u2(
        .idx(idx),               //output [3:0] idx
        .xk_re(xk_re),           //output [10:0] xk_re
        .xk_im(xk_im),           //output [10:0] xk_im
        .sod(sod),               //output sod
        .ipd(ipd),               //output ipd
        .eod(eod),               //output eod
        .busy(busy),             //output busy
        .soud(soud),             //output soud
        .opd(opd),               //output opd
        .eoud(eoud),             //output eoud
        .xn_re(din),             //input [7:0] xn_re
        .xn_im(8'b0),            //input [7:0] xn_im
        .start(start),           //input start
        .clk(clk),               //input clk
        .rst(!rst_n)             //input rst

    );

    //例化复数乘法器 IP 核模块
    Complex_Multiplier_Top u3(
        .ce(1'b1),               //input ce
        .clk(clk),               //input clk
        .reset(!rst_n),          //input reset
        .real1(xk_re),           //input [10:0] real1
        .real2(xk_re),           //input [10:0] real2
        .imag1(xk_im),           //input [10:0] imag1
        .imag2(0-xk_im),         //input [10:0] imag2
        .realo(dout),            //output [36:0] realo
        .imago()                 //output [36:0] imago
    );
endmodule
```

（2）fft_ctr 设计代码。

fft_ctr 代码的作用是产生 FFT IP 核的 start 控制信号。该模块需要根据输入数据的时序进行编写。本例对一个固定周期的正弦信号进行 FFT 运算，所以比较简单。

```
module fft_ctr(input clk,rst_n,
               output wire start);
  reg [3:0] cnt;
  always@(negedge rst_n,posedge clk)
    begin
      if (!rst_n)
          cnt<=4'b0;
```

```
        else
            begin
              if (cnt==15)
                 cnt<=4'b0;
              else
                 cnt<=cnt+1;
            end
     end

assign start=(cnt==10)?1'b1:1'b0;
endmodule
```

（3）Testbench 代码。

```
`timescale 1ns/1ps

module tb_fft_test;

reg rst_n;                    //定义复位信号,低电平有效
reg clk1;                     //定义时钟信号

wire signed [7:0] dout1;      //定义正弦波信号

wire signed [36:0] fft_rt;    //定义幅频特性输出信号

//例化正弦波信号发生器,正弦波信号频率 80M/16=5MHz
sin_gen  u1(.rst_n (rst_n),
            .clk   (clk1),
            .dout  (dout1));

//例化 fft 设计顶层模块
fft_test_top u2(.rst_n (rst_n),
                .clk   (clk1),
                .din   (dout1),
                .dout  (fft_rt));

//生成复位信号
initial
  begin
    #0  rst_n=0;
    #100 rst_n=1;
  end

//生成频率为 80MHz 的时钟信号
initial
  begin
    clk1=0;
    forever
      #6.25 clk1=~clk1;
  end
```

```
integer fp_w1;

//以写方式打开文件,准备写入仿真数据
initial
    begin
      fp_w1=$fopen("dout1.txt","w");          //以写操作模式打开 dout1.txt
    end

//将仿真数据写入 txt 文档
always@(posedge clk1)
    begin
        if (rst_n) begin
          $fwrite(fp_w1,"%d\n",dout1);         //将变量 dout1 的值写入 dout1.txt
        end
    end

endmodule
```

本例的 Testbench 代码调用了例 5.5 中的 sin_gen 模块。

图 5.28 为本例的仿真结果。图中 dout 为幅频特性结果,xk_re 为 FFT 变换后得到的频域实部结果,xk_im 为 FFT 变换后得到的频域虚部结果。同时,为了验证设计的正确性,将 Testbench 得到的 dout1.txt 文件放在 MATLAB 软件中进行 FFT 变换和幅频特性分析,结果如图 5.29 所示。可以发现图 5.28 和图 5.29 一致,验证了本设计的正确性。

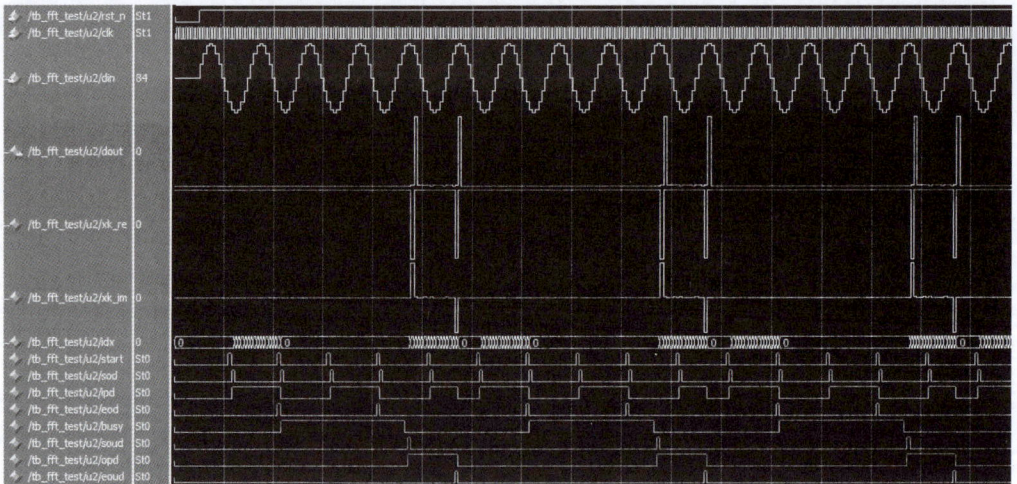

图 5.28　正弦波幅频特性分析仿真结果

注意:正弦波的相位对频域实部和虚部的结果会产生影响,但不会影响幅频特性。

5.6　BPSK 调制解调

1. BPSK 调制原理

相移键控(BPSK)是一种二进制数字调制方式,它采用两个不同的相位,一个代表 1,另

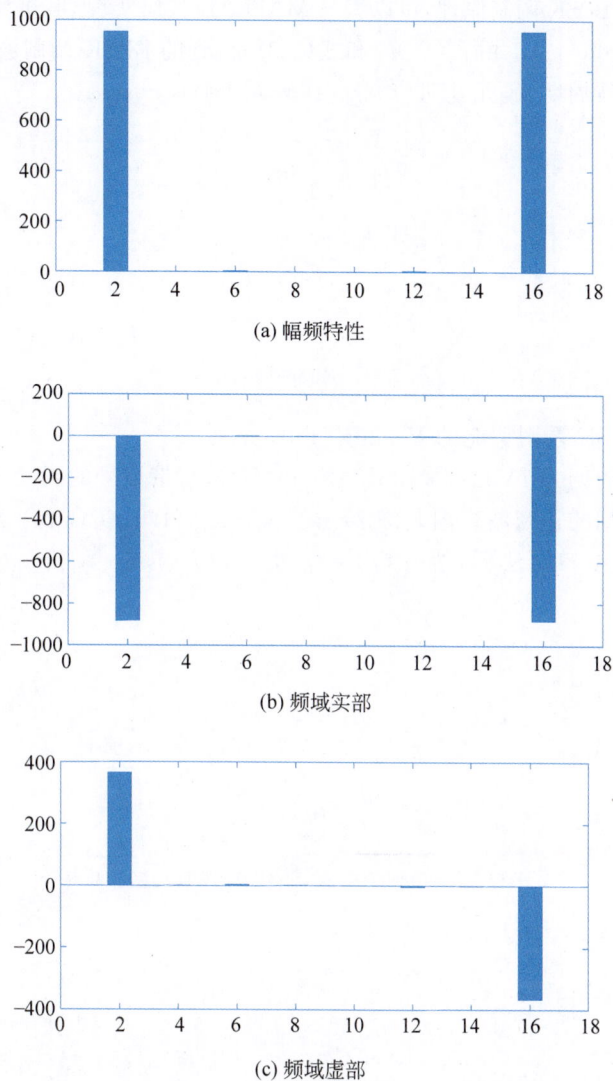

(a) 幅频特性

(b) 频域实部

(c) 频域虚部

图 5.29 正弦波幅频特性分析的 MATLAB 仿真结果

一个代表 0,其数学表达式如下:

$$y(t) = x(t) \cdot \sin(\omega_c t) \tag{5.20}$$

$$x(t) = \begin{cases} 1, & \text{码元 } 0 \\ -1, & \text{码元 } 1 \end{cases} \tag{5.21}$$

式(5.20)中,ω_c 为载波角频率,$x(t)$ 为双极性的基带信号,取值如式(5.21)所示。图 5.30 给出了 BPSK 调制功能实现的结构框图。

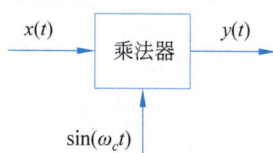

图 5.30 BPSK 调制功能实现的结构框图

根据图 5.30 的 BPSK 调制原理,可以编写 MATLAB 代码实现 BPSK 调制功能,图 5.31 为码元序列 0 0 1 1 1 0 0 1 0 1 由式(5.20)和式(5.21)得到的 BPSK 调制波形。图中每个码元周期对应一个正弦波周期,码元 0 对应 $\sin\omega_c t$,码元 1 对应 $-\sin\omega_c t$。

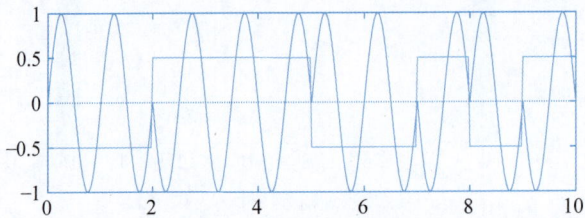

图 5.31　BPSK 调制波形

【例 5.10】　BPSK 调制功能的 Verilog HDL 实现。

正弦波信号的周期为 1MHz,采样频率为 16MHz,基带信号的码元速率为 1Mb/s,则一个码元对应一个周期的正弦波。图 5.32 给出了 Verilog HDL 实现 BPSK 调制的结构框图,图中用数据选择器代替乘法器,当 $x(t)=0$ 时,$y(t)=\sin\omega_c t$;当 $x(t)=1$ 时,$y(t)=-\sin\omega_c t$。

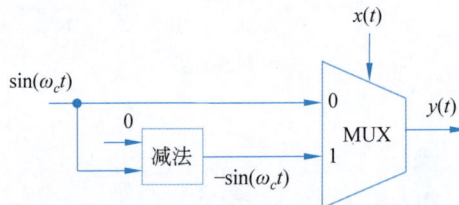

图 5.32　Verilog HDL 实现 BPSK 调制的结构框图

(1) 顶层设计代码。

```verilog
module bpsk_modulation (input rst_n,clk,
                        input en,                        //调制使能信号
                        input din,                       //输入的基带码元序列
                        output signed [7:0] dout);       //输出的 BPSK 调制信号


wire signed [7:0] sin_signal;                            //定义正弦波载波信号

//例化 1MHz 正弦波发生模块
sin_gen u1 (.rst_n  (rst_n),
            .clk    (clk),
            .en     (en),
            .dout   (sin_signal));

//实现 BPSK 调制
    assign dout=(din==1'b0)?sin_signal:(0-sin_signal);
endmodule
```

（2）1MHz 正弦波产生模块代码。

```verilog
module sin_gen (input rst_n,clk,
                input en,                              //正弦波生成使能信号
                output reg signed [7:0] dout);

reg[3:0] adr;

//地址产生单元,与例 5.5 相比,增加了使能信号 en 进行计数控制
always @ (negedge rst_n,posedge clk)
  begin
    if (!rst_n)
        adr<=4'b0;
    else
      begin
        if (en==1'b1)
          begin
            if (adr==15)
                adr<=4'b0;
            else
                adr<=adr+1;
          end
        else
            adr<=4'b0;
      end
  end

//用 case 语句实现的正弦波数据 ROM 表
always@ (adr)
  begin
    case(adr)
      0:dout<=0;
      1:dout<=46;
      2:dout<=84;
      3:dout<=110;
      4:dout<=120;
      5:dout<=110;
      6:dout<=84;
      7:dout<=46;
      8:dout<=0;
      9:dout<=-46;
      10:dout<=-84;
      11:dout<=-110;
      12:dout<=-120;
      13:dout<=-110;
      14:dout<=-84;
      15:dout<=-46;
      default: dout<=0;
    endcase
  end
endmodule
```

（3）Testbench 代码。

```verilog
`timescale 1ns/1ps

module tb_bpsk_modulation;

reg rst_n;                        //定义复位信号
reg clk;                          //定义正弦波 16MHz 采样时钟信号
wire en;                          //定义产生正弦波载波信号的使能信号
reg start;                        //定义 BPSK 调制启动信号
reg clk_1M;                       //定义 1MHz 时钟信号
reg din;                          //定义输入的基带信号
wire signed [7:0] bpsk_md;        //定义 BPSK 调制信号
reg signed [9:0] tmp;             //定义存储输入码元序列的数据寄存器
reg data_valid;                   //定义输出数据有效信号

//例化顶层设计模块
  bpsk_modulation u1 (.rst_n  (rst_n),
                      .clk    (clk),
                      .en     (en),
                      .din    (din),
                      .dout   (bpsk_md));
//生成复位信号
initial
  begin
    #0   rst_n=0;
    #100 rst_n=1;
  end

//生成 16MHz 的采样时钟信号
initial
  begin
    clk=0;
    forever
      #31.25 clk=~clk;
  end

//生成 1MHz 的基带信号输入时钟信号
initial
  begin
    clk_1M=0;
    forever
      #500 clk_1M=~clk_1M;
  end

//生成 BPSK 启动信号
initial
  begin
    #0   start=0;
    #120 start=1;
    #1120 start=0;
  end
```

```
//实现输出码元序列为0011100101的左移移位寄存器
always@(posedge clk_1M,negedge rst_n)
  begin
    if(!rst_n)
     begin
          din<=1'b0;
          tmp<=10'b0;
          data_valid<=1'b0;
      end
    else if (start)
          tmp<=10'b0011100101;
    else
       begin
          data_valid<=1'b1;
          din<=tmp[9];
          tmp<={tmp[8:0],tmp[9]};
       end
  end

//产生正弦波载波信号的使能信号赋值
  assign en=data_valid;

endmodule
```

仿真结果如图 5.33 所示，bpsk_md 为 bpsk 调制信号，data_valid 为调制信号有效标识信号。比较图 5.31 以及根据基带信号 din 的取值，可以验证设计的正确性。

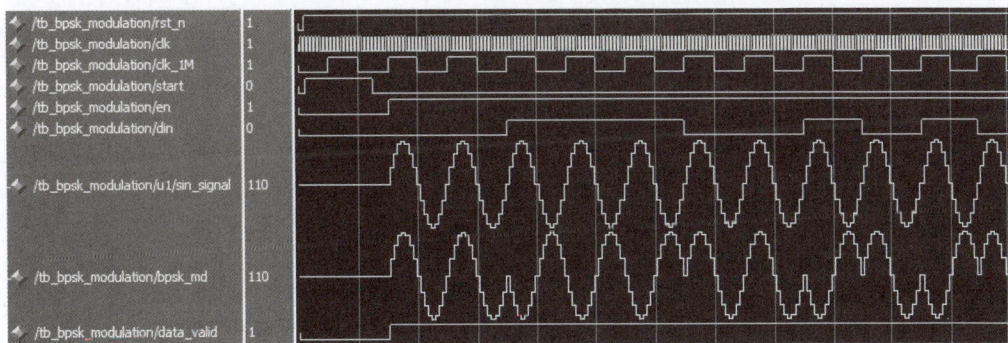

图 5.33　Verilog HDL 实现 BPSK 调制的仿真结果

2. BPSK 解调原理

在通信系统的接收终端，需要将接收到的调制信号进行解调。BPSK 的相干解调功能的实现结构框图如图 5.34 所示，主要由乘法器、低通滤波器和抽样判决器构成。

图 5.34　BPSK 相干解调功能实现的结构框图

低通滤波器的设计可以使用 MATLAB 函数 butter 生成 2 阶 IIR 低通滤波器系数,然后采用与 5.4 节的 IIR 滤波器设计案例相同的方法进行设计。

```
%MATLAB 生成 IIR 低通滤波器系数
[b,a]=butter(2,fb/(fs/2));          %fb 为码元数据速率 1M,fs 为采样速率 16M
```

图 5.35 为 MATLAB 代码实现图 5.34 相干解调的仿真结果,输入的码元序列为0011100101,解调结果与输入结果相同。

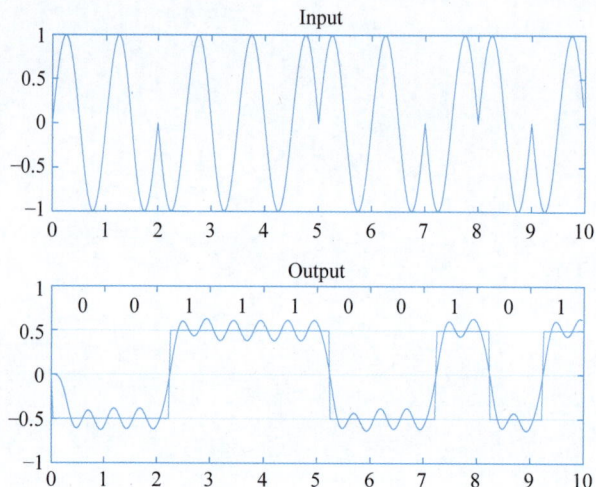

图 5.35   BPSK 相干解调仿真结果(MATLAB)

【例 5.11】   BPSK 解调功能的 Verilog HDL 实现。

按照图 5.34 所示的 BPSK 相干解调功能结构框图,可以编写对应的 Verilog HDL代码。

(1) 顶层模块代码。

```
module bpsk_de (input rst_n,clk,en,
                input wire [7:0] bpsk_md,
                output wire dout);

  wire signed [7:0] sin_signal;              //定义正弦波信号
  wire signed [15:0] mix_signal;             //定义混频信号
  wire signed [7:0] lpf_din;                 //定义滤波器输入信号
  wire signed [7:0] lpf_rt;                  //定义滤波器输出信号

    //例化 1MHz 正弦波生成模块
    sin_gen u1 (.rst_n   (rst_n),
            .clk    (clk),
            .en     (en),
            .dout   (sin_signal));
    //实现调制信号与本地正弦波信号相乘
    assign mix_signal=$signed(bpsk_md) * $signed(sin_signal);

    //滤波器输入信号取乘法器输出的高 8 位
```

```
    assign lpf_din=mix_signal[15:8];

    //例化 IIR 低通滤波器
        iir_lpf u2 (.rst_n  (rst_n),
                    .clk    (clk),
                    .din    (lpf_din),
                    .dout   (lpf_rt));

    //抽样判决得到解调信号
    assign dout=(lpf_rt==1'b0)? 1'b0:1'b1;

  endmodule
```

（2）1MHz 正弦波产生模块代码。

```
module sin_gen (input rst_n,clk,
                input en,                //正弦波生成使能信号
                output reg signed [7:0] dout);

reg[3:0] adr;

//地址产生单元,与例 5.5 相比,增加了智能信号 en 进行计数控制
always @ (negedge rst_n,posedge clk)
  begin
    if (!rst_n)
        adr<=4'b0;
    else
      begin
        if (en==1'b1)
          begin
              if (adr==15)
                  adr<=4'b0;
              else
                  adr<=adr+1;
          end
        else
          adr<=4'b0;
      end
  end

//用 case 语句实现的正弦波数据 ROM 表
always@(adr)
  begin
    case(adr)
      0:dout<=0;
      1:dout<=46;
      2:dout<=84;
      3:dout<=110;
      4:dout<=120;
      5:dout<=110;
      6:dout<=84;
```

```
       7:dout<=46;
       8:dout<=0;
       9:dout<=-46;
      10:dout<=-84;
      11:dout<=-110;
      12:dout<=-120;
      13:dout<=-110;
      14:dout<=-84;
      15:dout<=-46;
      default: dout<=0;
    endcase
  end
endmodule
```

（3）低通滤波器设计代码。

```
module iir_lpf (input rst_n,clk,
                input signed[7:0] din,
                output signed[7:0] dout);

//反馈滤波器系数 a,分母
parameter a0=74;
parameter a1=-127;
parameter a2=56;

//前馈滤波器系数 b,分子
parameter b1=1;
parameter b2=1;
parameter b3=1;

//定义输入数据寄存器
reg signed[7:0] din_r1,din_r2,din_r3;

//定义输出数据寄存器
reg signed[7:0] dout_r1,dout_r2,dout_r3;

//定义前馈输出信号、反馈输出信号和中间结果
wire signed[18:0] data_fw,data_fb,rt;

//计算前馈结果
    assign data_fw=$signed(b1) * $signed(din)+$signed(b2) * $signed(din_r1)+
                   $signed(b3) * $signed(din_r2);

//计算反馈结果
    assign data_fb=$signed(a0) * $signed(dout_r1)+$signed(a1) * $signed(dout_
                   r2)+$signed(a2) * $signed(dout_r3);

//计算滤波器中间结果
    assign rt=data_fw+data_fb;

//计算滤波器输出结果
```

```
    assign dout=rt[17:10];
```

//实现输入数据前馈移位和输出数据反馈移位

```
    always@(posedge clk,negedge rst_n)
      begin
        if (!rst_n)
          begin
            din_r1<=8'b0;
            din_r2<=8'b0;
            din_r3<=8'b0;
            dout_r1<=8'b0;
            dout_r2<=8'b0;
            dout_r3<=8'b0;
          end
        else
          begin
            din_r1<=din;
            din_r2<=din_r1;
            din_r3<=din_r2;

            dout_r1<=dout;
            dout_r2<=dout_r1;
            dout_r3<=dout_r2;
          end
      end
endmodule
```

（4）Testbench 代码。

```
`timescale 1ns/1ps
module tb_bpsk_de;

reg rst_n;                      //定义复位信号
reg clk;                        //定义 16MHz 时钟信号
wire en;                        //定义产生正弦波载波信号的使能信号
reg start;                      //定义 BPSK 调制启动信号
reg clk_1M;                     //定义 1MHz 时钟信号
reg din;                        //定义输入的基带信号
wire signed [7:0] bpsk_md;      //定义 BPSK 调制信号
reg signed [9:0] tmp;           //定义存储输入码元序列的数据寄存器
reg data_valid;                 //定义输出数据有效信号
wire dout;

//例化顶层设计模块
  bpsk_modulation u1 (.rst_n  (rst_n),
                      .clk    (clk),
                      .en     (en),
                      .din    (din),
                      .dout   (bpsk_md));

//例化 bpsk 解调模块
```

```
        bpsk_de u2 (.rst_n (rst_n),
                    .clk (clk),
                    .en   (en),
                    .bpsk_md   (bpsk_md),
                    .dout   (dout));

//生成复位信号
initial
  begin
    #0   rst_n=0;
    #100 rst_n=1;
  end

//生成 16MHz 的采样时钟信号
initial
  begin
    clk=0;
    forever
        #31.25 clk=~clk;
  end

//生成 1MHz 的基带信号输入时钟信号
initial
  begin
    clk_1M=0;
    forever
      #500 clk_1M=~clk_1M;
  end

//生成 BPSK 启动信号
initial
  begin
    #0   start=0;
    #120 start=1;
    #1120 start=0;
  end

//实现输出码元序列为 0011100101 的左移移位寄存器
always@ (posedge clk_1M, negedge rst_n)
  begin
    if(!rst_n)
      begin
            din<=1'b0;
            tmp<=10'b0;
            data_valid<=1'b0;
      end
    else if (start)
            tmp<=10'b0011100101;
    else
        begin
```

```
            data_valid<=1'b1;
            din<=tmp[9];
            tmp<={tmp[8:0],tmp[9]};
        end
    end

//产生正弦波载波信号的使能信号赋值
  assign en=data_valid;

endmodule
```

本例的 Testbench 代码调用了例 5.10 的 bpsk_modulation 模块。

BPSK 的解调仿真结果如图 5.36 所示,图中信号 bpsk_md 为调制信号,mix_signal 为调制信号与正弦波相乘得到的混频信号,lpf_rt 为低通滤波器输出结果,dout 为抽样判决后得到的最终解调码元序列,data_valid 为解调结果有效标识。

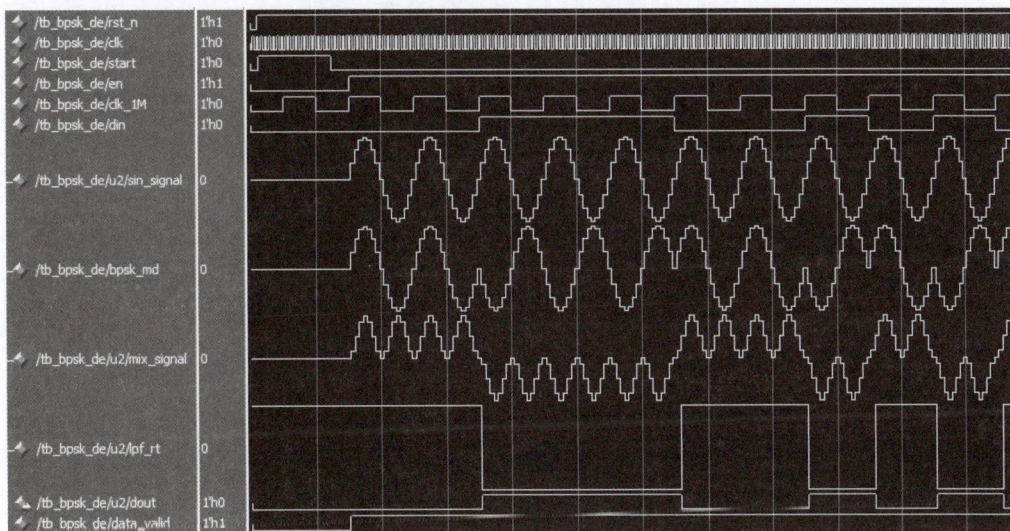

图 5.36　Verilog HDL 实现 BPSK 解调仿真结果

5.7　DBPSK 调制解调

在通信信道中,很多设备会偶发"倒相"现象,使基带信号的波形反相。为了避免倒相现象带来的误码,通信系统中通常采用差分编码方式。

1. DBPSK 调制

DBPSK 与 BPSK 的区别是 DBPSK 对输入的码元序列进行了差分编码。设原码序列为 d_n,差分编码序列为 e_n,两者之间逻辑关系为异或关系,如式(5.22)所示。

$$e_n = d_n \oplus e_{n-1} \quad (n=1,2,\cdots) \tag{5.22}$$

源码序列的初始参考相位有两种状态: $e=0$ 或 $e=1$。

如表 5.6 所示,当码元序列 $d_n=0011100101$ 且初始参考相位为 0 时,根据式(5.22)可

得差分码元序列 e_n 为 0010111001，根据式(5.20)，$x(t)$ 的取值为差分码元序列 e_n，则可以得到图 5.37 所示调制波形。从图 5.37 可以发现，DBPSK 差分编码中的 0 代表与前一码元的相位相同，1 代表与前一码元的相位相反。

表 5.6　DBPSK 编码示例

d	0	0	1	1	1	0	0	1	0	1
e	0	0	1	0	1	1	1	0	0	1

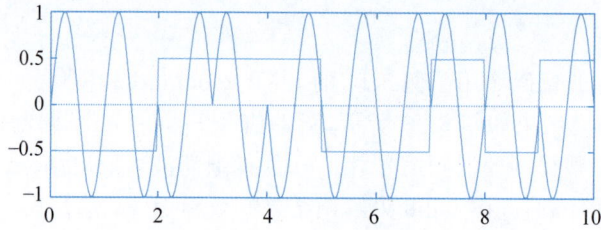

图 5.37　DBPSK 调制波形

【例 5.12】　DBPSK 调制功能的 Verilog HDL 实现。

图 5.38 给出了 Verilog HDL 实现 DBPSK 调制的结构框图，与图 5.32 的 BPSK 调制结构框图对比，DBPSK 多了一个差分编码模块。

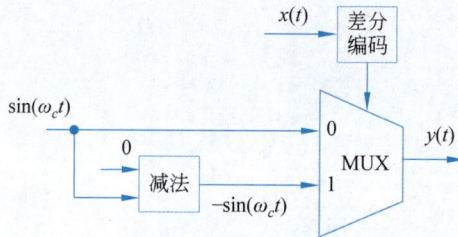

图 5.38　Verilog HDL 实现 DBPSK 调制的结构框图

（1）顶层设计代码。

```verilog
module dbpsk_modulation (input rst_n,clk,
                         input en,                     //调制使能信号
                         input din,                    //输入的基带码元序列
                         input clk_1M,                 //1MHz 码元时钟信号
                         output signed [7:0] dout);    //输出的 DBPSK 调制信号

wire signed [7:0] sin_signal;                          //定义正弦波载波信号

reg din_r1;                                            //定义差分编码信号

//例化 1MHz 正弦波发生模块
    sin_gen u1 (.rst_n  (rst_n),
            .clk    (clk),
            .en     (en),
            .dout   (sin_signal));
```

```
//实现差分编码
    always@(posedge clk_1M,negedge rst_n)
      begin
        if (!rst_n)
          din_r1<=1'b0;
         else
          din_r1<=din ^din_r1;
      end

//实现 BPSK 调制
    assign dout=(din_r1==1'b0)?sin_signal:(0-sin_signal);
endmodule
```

（2）1MHz 正弦波产生模块代码。

```
module sin_gen (input rst_n,clk,
                input en,
                output reg signed[7:0] dout);

reg[3:0] adr;

//地址产生单元,与例 5.5 相比,增加了智能信号 en 进行计数控制
always @(negedge rst_n,posedge clk)
  begin
    if (!rst_n)
      adr<=4'b0;
    else
      begin
        if (en==1'b1)
          begin
            if (adr==15)
              adr<=4'b0;
            else
              adr<=adr+1;
          end
        else
          adr<=4'b0;
      end
  end

//用 case 语句实现的正弦波数据 ROM 表
always@(adr)
  begin
    case(adr)
      0:dout<=0;
      1:dout<=46;
      2:dout<=84;
      3:dout<=110;
      4:dout<=120;
      5:dout<=110;
```

```
        6:dout<=84;
        7:dout<=46;
        8:dout<=0;
        9:dout<=-46;
        10:dout<=-84;
        11:dout<=-110;
        12:dout<=-120;
        13:dout<=-110;
        14:dout<=-84;
        15:dout<=-46;
        default: dout<=0;
      endcase
    end
endmodule
```

（3）Testbench 代码。

```
`timescale 1ns/1ps
module tb_dbpsk_md;

reg rst_n;                          //定义复位信号
reg clk;                            //定义正弦波 16MHz 采样时钟信号
wire en_md;                         //定义产生正弦波载波信号的使能信号,调制使能信号
reg start;                          //定义 BPSK 调制启动信号
reg clk_1M;                         //定义 1MHz 时钟信号
reg din;                            //定义输入的基带信号
wire signed [7:0] dbpsk_md;         //定义 DBPSK 调制信号
reg signed [9:0] tmp;               //定义存储输入码元序列的数据寄存器
reg data_valid;                     //输入码元数据有效
reg data_valid_delay;               //差分编码码元数据有效

  //例化 DBPSK 调制模块
  dbpsk_modulation u1 (.rst_n  (rst_n),
                    .clk    (clk),
                    .en     (en_md),
                    .din    (din),
                    .clk_1M (clk_1M),
                    .dout   (dbpsk_md));

//生成复位信号
initial
  begin
    #0   rst_n=0;
    #100 rst_n=1;
  end

//生成 16MHz 的采样时钟信号
initial
```

```
  begin
    clk=0;
    forever
      #31.25 clk=~clk;
  end

//生成 1MHz 的基带信号输入时钟信号
initial
  begin
    clk_1M=0;
    forever
      #500 clk_1M=~clk_1M;
  end

//生成 DBPSK 调制启动信号
initial
  begin
    #0   start=0;
    #120 start=1;
    #1120 start=0;
  end

//实现输出码元序列为 0011100101 的左移移位寄存器
always@(posedge clk_1M,negedge rst_n)
  begin
    if(!rst_n)begin
          din<=1'b0;
          tmp<=10'b0;
          data_valid<=1'b0; end
    else if (start)
          tmp<=10'b0011100101;
    else
      begin
        data_valid<=1'b1;
        din<=tmp[9];
        tmp<={tmp[8:0],tmp[9]};
      end

  end

//生成差分编码码元数据有效标识信号
always@(posedge clk_1M,negedge rst_n)
  begin
    if(!rst_n)
        begin
            data_valid_delay<=1'b0;
        end
    else
```

```
        begin
            data_valid_delay<=data_valid;
        end
    end

//产生调制使能信号
assign en_md=data_valid_delay;

endmodule
```

图 5.39 为本例的仿真结果,图中 din_r1 为差分编码结果,data_valid 为输入码元有效标志,data_valid_delay 为差分码元有效标志,也是输出调制信号有效标志。

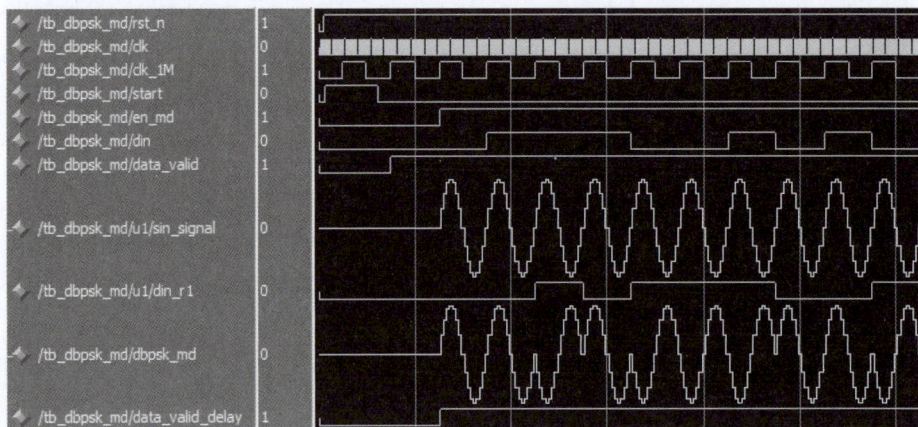

图 5.39   Verilog HDL 实现 DBPSK 调制的仿真结果

2. DBPSK 相干解调

DBPSK 解调方式有两种,一种是相干解调,另一种是非相干解调。相干解调需要在接收端产生一个与发送端载波信号同频的正弦波信号,需要实现载波同步功能。非相干解调方式在接收端不需要载波同步信号,只需要将接收信号延时一定的码元周期,无须实现载波同步,设计复杂度低于相干解调方式,但会损失 3dB 的信噪比。

DBPSK 的相干解调功能的实现结构框图如图 5.40 所示,主要由乘法器、低通滤波器、抽样判决器和差分解码 4 部分构成。与图 5.32 的 BPSK 相干解调功能相比,DBPSK 多了一个差分解码单元。

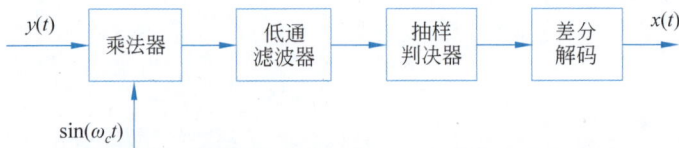

图 5.40   DBPSK 相干解调功能实现的结构框图

差分解码的逻辑关系可由式(5.23)表示。

$$d_n = e_n \oplus e_{n-1} \quad (n=1,2,\cdots) \tag{5.23}$$

图 5.41 为输入差分编码 $e_n=0010111001$ 时,采用 MATLAB 代码实现相干解调的仿真结果。可以发现,解调结果 0 对应载波信号同相,1 对应载波信号反相。

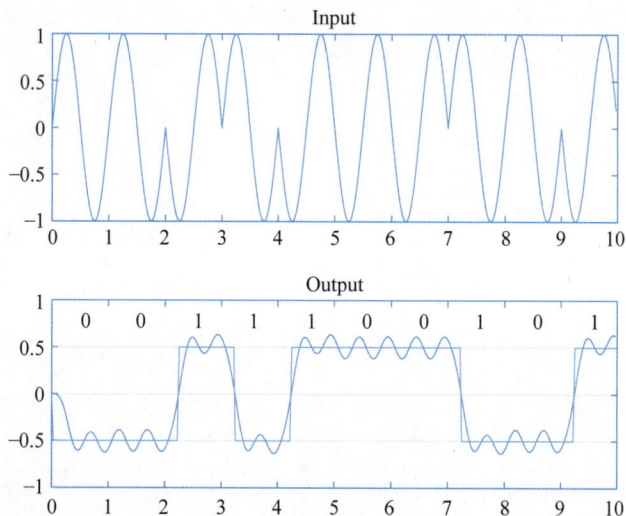

图 5.41　DBPSK 解调波形

【例 5.13】　DBPSK 相干解调功能的 Verilog HDL 实现。

（1）顶层设计代码。

```verilog
module dbpsk_de (input rst_n,clk,
                 input en,                    //解调使能信号
                 input clk_1M,                //1MHz 码元输入时钟信号
                 input wire [7:0] dbpsk_md,   //调制信号
                 output reg dout);            //解调输出的码元结果

  wire signed [7:0] sin_signal;              //相干解调的正弦信号
  wire signed [15:0] mix_signal;             //乘法器输出的混频信号
  wire signed [7:0] lpf_din;                 //低通滤波器输入信号
  wire signed [7:0] lpf_rt;                  //低通滤波器输出信号
  wire dout_r;                               //定义抽样判决输出信号
  reg dout_r1;                               //定义抽样判决延时信号

//例化 1 MHz 正弦波发生器模块
    sin_gen u1 (.rst_n   (rst_n),
                .clk     (clk),
                .en      (en),
                .dout    (sin_signal));

//实现调制信号与正弦波乘法运算
assign mix_signal=$signed(dbpsk_md) * $signed(sin_signal);

//生成滤波器输入信号
assign lpf_din=mix_signal[15:8];

  //例化低通 IIR 滤波器模块
      iir_lpf u2 (.rst_n   (rst_n),
                  .clk     (clk),
                  .din     (lpf_din),
                  .dout    (lpf_rt));
```

```
//抽样判决
    assign dout_r=(lpf_rt==1'b0)?1'b0:1'b1;

    //实现差分解码
    always@(posedge clk_1M,negedge rst_n)
        begin
            if(!rst_n)
                begin
                    dout_r1<=1'b0;
                    dout<=1'b0;
                end
            else
                begin
                    dout_r1<=dout_r;
                    dout<=dout_r1^ dout_r;
                end
        end

endmodule
```

（2）1MHz 正弦波产生模块代码。

代码同例 5.10 中的 1MHz 正弦波产生模块代码。

```
module sin_gen (input rst_n,clk,
                input en,
                output reg signed [7:0] dout);

reg[3:0] adr;

//地址产生单元,与例 5.5 相比,增加了智能信号 en 进行计数控制
always @ (negedge rst_n,posedge clk)
    begin
        if (!rst_n)
            adr<=4'b0;
        else
            begin
                if (en==1'b1)
                    begin
                        if (adr==15)
                            adr<=4'b0;
                        else
                            adr<=adr+1;
                    end
                else
                    adr<=4'b0;
            end
    end

//用 case 语句实现的正弦波数据 ROM 表
always@(adr)
```

```
      begin
        case(adr)
          0:dout<=0;
          1:dout<=46;
          2:dout<=84;
          3:dout<=110;
          4:dout<=120;
          5:dout<=110;
          6:dout<=84;
          7:dout<=46;
          8:dout<=0;
          9:dout<=-46;
          10:dout<=-84;
          11:dout<=-110;
          12:dout<=-120;
          13:dout<=-110;
          14:dout<=-84;
          15:dout<=-46;
          default: dout<=0;
        endcase
      end
endmodule
```

（3）低通滤波器设计代码。

代码同例 5.11 中的低通滤波器设计代码。

```
module iir_lpf (input rst_n,clk,
                input signed [7:0] din,
                output signed [7:0] dout);

//反馈滤波器系数 a,分母
parameter a0=74;
parameter a1=-127;
parameter a2=56;

//前馈滤波器系数 b,分子
parameter b1=1;
parameter b2=1;
parameter b3=1;

//定义输入数据寄存器
reg signed[7:0] din_r1,din_r2,din_r3;

//定义输出数据寄存器
reg signed[7:0] dout_r1,dout_r2,dout_r3;

//定义前馈输出信号、反馈输出信号和中间结果
wire signed[18:0] data_fw,data_fb,rt;

//计算前馈结果
```

```
    assign data_fw=$signed(b1) * $signed(din)+$signed(b2) * $signed(din_r1)+
                  $signed(b3) * $signed(din_r2);

//计算反馈结果
    assign data_fb=$signed(a0) * $signed(dout_r1)+$signed(a1) * $signed(dout_
                  r2)+$signed(a2) * $signed(dout_r3);

//计算滤波器中间结果
    assign rt=data_fw+data_fb;

//计算滤波器输出结果
    assign dout=rt[17:10];

//实现输入数据前馈移位和输出数据反馈移位
    always@(posedge clk,negedge rst_n)
      begin
        if (!rst_n)
          begin
            din_r1<=8'b0;
            din_r2<=8'b0;
            din_r3<=8'b0;
            dout_r1<=8'b0;
            dout_r2<=8'b0;
            dout_r3<=8'b0;
          end
        else
          begin
            din_r1<=din;
            din_r2<=din_r1;
            din_r3<=din_r2;

            dout_r1<=dout;
            dout_r2<=dout_r1;
            dout_r3<=dout_r2;
          end
      end
endmodule
```

（4）Testbench 代码。

```
`timescale 1ns/1ps

module tb_dbpsk_de;

reg rst_n;           //定义复位信号
reg clk;             //定义 16MHz 的时钟信号
wire en_md;          //定义产生正弦波载波信号的使能信号,调制使能
reg start;           //定义 DBPSK 调制启动信号
reg clk_1M;          //定义 1MHz 时钟信号
reg din;             //定义输入的基带信号
```

```
wire signed [7:0] dbpsk_md;           //定义 DBPSK 调制信号
reg signed [9:0] tmp;                 //定义存储输入码元序列的数据寄存器
reg data_valid;                       //定义输出数据有效信号
reg valid;
reg valid_delay;
wire dout;

//例化 dbpsk_modulation 模块
  dbpsk_modulation u1 (.rst_n   (rst_n),
                       .clk     (clk),
                       .en      (en_md),
                       .din     (din),
                       .dout    (dbpsk_md));

  //例化本例顶层设计模块 dbpsk_de
  dbpsk_de u2 (.rst_n   (rst_n),
               .clk (clk),
               .en      (en_md),
               .dbpsk_md   (dbpsk_md),
               .dout    (dout));

//生成复位信号
initial
  begin
    #0   rst_n=0;
    #100 rst_n=1;
  end

//生成 16MHz 的采样时钟信号
initial
  begin
    clk=0;
    forever
      #31.25 clk=~clk;
  end

//生成 1MHz 的基带信号输入时钟信号
initial
  begin
    clk_1M=0;
    forever
      #500 clk_1M=~clk_1M;
  end

//生成 DBPSK 启动信号
initial
  begin
    #0   start=0;
    #120 start=1;
    #1120 start=0;
```

```
      end

  //正弦波载波信号的使能信号赋值
  assign en_md=valid_delay;

  //实现输出码元序列为 0011100101 的左移移位寄存器
  always@ (posedge clk_1M,negedge rst_n)
    begin
      if(!rst_n)
          begin
            din<=1'b0;
            tmp<=10'b0;
            valid<=1'b0;
          end
      else if (start)
            tmp<=10'b0011100101;
      else
          begin
            valid<=1'b1;
            din<=tmp[9];
            tmp<={tmp[8:0],tmp[9]};
          end
    end

  //产生输出结果有效标识信号
  always@ (posedge clk_1M,negedge rst_n)
    begin
      if(!rst_n)
          begin
            valid_delay<=1'b0;
            data_valid<=1'b0;
          end
      else
          begin
            valid_delay<=valid;
            data_valid<=valid_delay;
          end
    end
endmodule
```

本例的 Testbench 代码例化了例 5.12 中的 dbpsk_demodulation 模块,进行了调制和解调联合仿真。

图 5.42 为本例 DBPSK 相干解调的仿真结果。图中 din 为输入码元信号,din_r 为差分编码码元信号,dbpsk_md 为调制信号,sin_signal 为相干解调的正弦波信号,lpf_din 为低通滤波器的输入信号,lpf_rt 为低通滤波器的输出信号,dout_r 为抽样判决信号,dout_r1 为 dout_r 延时一个码元周期的信号,dout 为调制结果,data_valid 为调制结果有效标志。

3. DBPSK 非相干解调

图 5.43 为 DBPSK 非相干解调功能实现的结构框图,与图 5.40 中的 DBPSK 相干解调

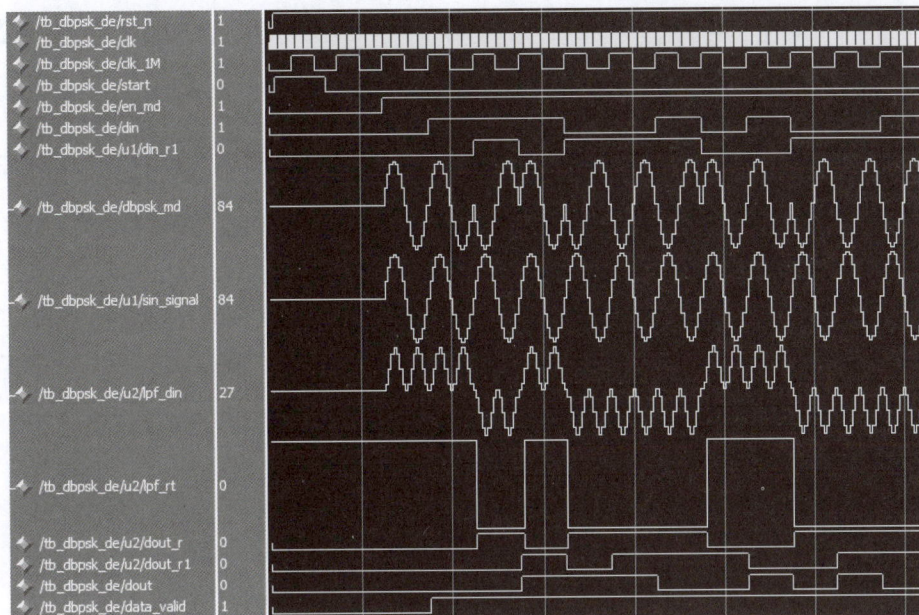

图 5.42　Verilog HDL 实现 DBPSK 调制与相干解调仿真结果

功能实现的结构框图相比,其用延时单元代替了相干正弦信号,而且不需要差分解码单元。

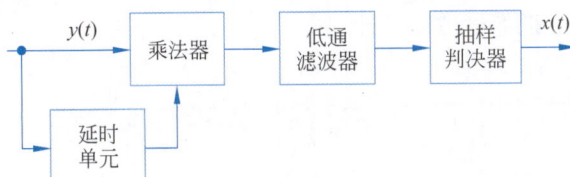

图 5.43　DBPSK 非相干解调功能实现的结构框图

【例 5.14】　DBPSK 相干解调功能的 Verilog HDL 实现。

(1) 顶层设计代码。

```verilog
module dbpsk_de (input rst_n,clk,
                 input clk_1M,
                 input wire [7:0] dbpsk_md,          //DBPSK 调制信号
                 output wire dout);

  wire signed [15:0] mix_signal_nc;                  //乘法器输出信号
  wire signed [7:0] lpf_din_nc;                      //滤波器输入信号
  wire signed [7:0] lpf_rt_nc;                       //滤波器输出信号

  reg [7:0] dbpsk_md_dly [0:15];                     //移位寄存器阵列
  integer i;                                         //for 循环变量

//左移移位寄存器阵列
always@ (posedge clk,negedge rst_n)
    begin
        if (!rst_n) begin
```

```
                for(i=0;i<16;i=i+1)
                    dbpsk_md_dly[i]<=8'b0;end
            else begin
                dbpsk_md_dly[0]<=dbpsk_md;
                for(i=0;i<15;i=i+1)
                    dbpsk_md_dly[i+1]<=dbpsk_md_dly[i];end
        end

//调制信号与其延时一个码元周期的延时信号做乘法运算
    assign mix_signal_nc=$signed(dbpsk_md) * $signed(dbpsk_md_dly[15]);

    //生成低通滤波器输入信号
    assign lpf_din_nc=mix_signal_nc[15:8];

    //例化低通滤波器模块
        iir_lpf u3 (.rst_n   (rst_n),
                    .clk     (clk),
                    .din     (lpf_din_nc),
                    .dout    (lpf_rt_nc));
    //抽样判决
    assign dout=(lpf_rt_nc==1'b0)?1'b0:1'b1;

    endmodule
```

（2）低通滤波器设计代码。

代码同例 5.11 中的低通滤波器设计代码。

（3）Testbench 代码。

```
`timescale 1ns/1ps
module tb_dbpsk_de;

reg rst_n;                  //定义复位信号
reg clk;                    //定义 16MHz 的时钟信号
wire en_md;                 //定义产生正弦波载波信号的使能信号,调制使能

reg start;                  //定义 DBPSK 调制启动信号
reg clk_1M;                 //定义 1MHz 时钟信号
reg din;                    //定义输入的基带信号
wire signed [7:0] dbpsk_md; //定义 DBPSK 调制信号
reg signed [9:0] tmp;       //定义存储输入码元序列的数据寄存器
reg data_valid;             //定义输出数据有效信号
reg valid;
reg valid_delay;
wire dout;

//例化 dbpsk_modulation 模块
  dbpsk_modulation u1 (.rst_n   (rst_n),
                       .clk     (clk),
                       .en      (en_md),
                       .din     (din),
                       .clk_1M  (clk_1M),
                       .dout    (dbpsk_md));
```

```verilog
//例化本例顶层设计模块
  dbpsk_de u2 (.rst_n  (rst_n),
               .clk (clk),
               .clk_1M (clk_1M),
               .dbpsk_md   (dbpsk_md),
               .dout   (dout));

//生成复位信号
initial
  begin
    #0   rst_n=0;
    #100 rst_n=1;
  end

//生成 16MHz 的采样时钟信号
initial
  begin
    clk=0;
    forever
      #31.25 clk=~clk;
  end

//生成 1MHz 的基带信号输入时钟信号
initial
  begin
    clk_1M=0;
    forever
        #500 clk_1M=~clk_1M;
  end

//生成 DBPSK 启动信号
initial
  begin
    #0   start=0;
    #120 start=1;
    #1120 start=0;
  end

//正弦波载波信号的使能信号赋值
assign en_md=valid_delay;

//实现输出码元序列为 0011100101 的左移移位寄存器
always@(posedge clk_1M, negedge rst_n)
  begin
    if(!rst_n)
      begin
          din<=1'b0;
          tmp<=10'b0;
          valid<=1'b0;
      end
```

```
        else if (start)
            tmp<=10'b0011100101;
        else
          begin
            valid<=1'b1;
            din<=tmp[9];
            tmp<={tmp[8:0],tmp[9]};
          end
      end

//产生输出结果有效标识信号
always@ (posedge clk_1M,negedge rst_n)
  begin
    if(!rst_n)
      begin
        valid_delay<=1'b0;
        data_valid<=1'b0;
      end
    else
      begin
        valid_delay<=valid;
        data_valid<=valid_delay;
      end

  end
endmodule
```

本例的 Testbench 代码例化了例 5.12 中的 dbpsk_demodulation 模块,进行了调制和解调联合仿真。

图 5.44 为本例 DBPSK 非相干解调的仿真结果。图中 din 为输入码元信号,din_r 为差分编码码元信号,dbpsk_md 为调制信号,dbpsk_md_dly[15]为 dbpsk_md 延时一个码元周

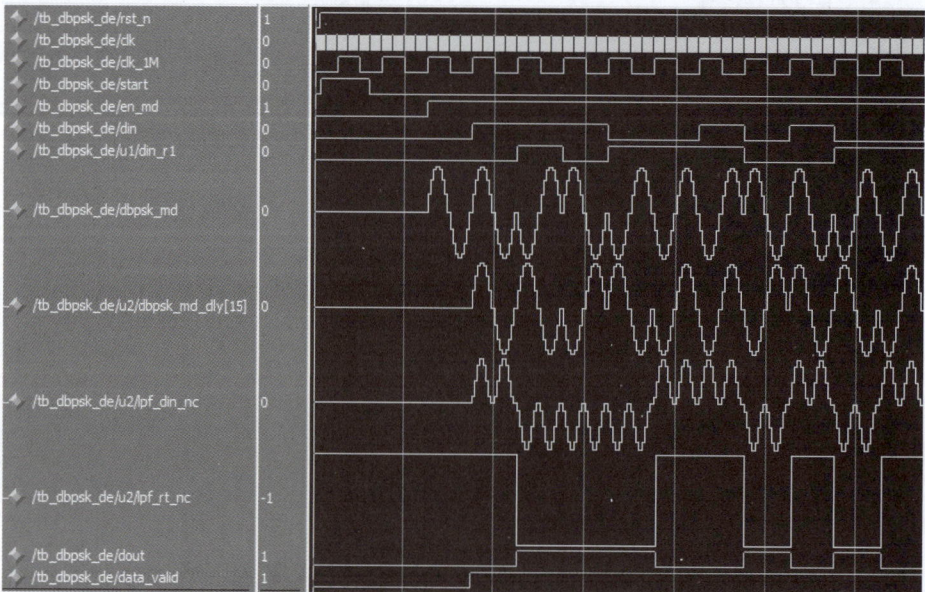

图 5.44　DBPSK 调制与非相干解调仿真结果

期的延时信号,lpf_din_nc 为低通滤波器的输入信号,lpf_rt_nc 为低通滤波器的输出信号,
dout_r 为抽样判决信号,dout_r1 为 dout_r 延时一个码元周期的延时信号,dout 为调制结
果,data_valid 为调制结果有效标志。需要注意的是,dout 的结果前面应该添加 1 位初始参
考码元 0。

习题

编程题

1. 设计能生成三角波的逻辑电路。

2. 使用 FFT IP 对三角波电路进行幅频特性分析。

3. 结合 MATLAB 软件,设计一款高通 FIR 滤波器,参数自选,并进行逻辑验证。

4. 尝试采用定点小数的方法解决例 5.8 中数据截尾带来的误差问题。

5. 实现 DQPSK 调制和非相干解调功能。

参 考 文 献

[1] 车晴. 电子系统仿真与 MATLAB[M]. 北京：北京广播学院出版社,2000.

[2] 夏宇闻. Verilog HDL 数字系统设计教程[M]. 北京：北京航空航天大学出版社,2008.

[3] 蔡觉平,等. Verilog HDL 数字集成电路设计原理与应用[M]. 2 版. 西安：西安电子科技大学出版社,2016.

[4] 陈曦,等. 基于 Verilog HDL 的通信系统设计[M]. 北京：中国水利水电出版社,2009.

[5] 谢志远,等. 数字电子技术基础[M]. 北京：清华大学出版社,2014.

[6] 胡正伟,等. 电子设计自动化[M]. 2 版. 北京：中国电力出版社,2019.

[7] 李庆华. 通信 IC 设计[M]. 北京：机械工业出版社,2016.